U0380807

水草造景艺术

Aquarium Garden

从入门到精通

王超　主编

中国农业出版社

目录 CONTENTS

关于本书

当你结束了一天的工作，希望能够安静地欣赏一下大自然带给我们的那份恬静；当你开始"喜新厌旧"，感觉家中颜色平淡无奇；何不尝试一下为自己的家中增添一丝大自然的颜色？试一试水草造景吧！水草造景艺术能够让我们亲近大自然，能够让我们回归到那份渐行渐远的宁静空间去感受大自然的气息。

水草造景是一门活着的艺术，它也是一种生活，是一种态度，让我们心与景融合，静与动统一。水草造景可以净化心灵，把自己的心置身于大自然之中，为心中的鱼儿造一个家，把大自然带到自己身边，足不出户，大自然的美景却尽收眼底。

水草造景艺术在中国的发展目前虽然滞后于其他国家，但近年来，这个领域得到了越来越多爱好者的关注。我希望《水草造景艺术：从入门到精通》这本书能给所有的水草造景爱好者提供一些帮助。全书从实用的角度出发，从一个普通爱好者实践者的角度讲解了水草造景艺术从入门到精通的进阶过程。希望更多朋友通过阅读此书参与到水草造景的讨论和实践中来，让水草造景艺术继续发扬光大，能让更多的人成为水草造景爱好者，步入到水草造景的艺术殿堂中。

一

水草造景艺术
神殿之门

欢迎进入水草造景艺术的殿堂之门。

也许您对这门新兴的艺术类型并不陌生，跟我一样是水草造景爱好者；也许您和更多的人一样，第一次接触这个领域。无论您属于哪一种情况，都欢迎一同畅游水草造景的艺术世界，因为只有让更多人参与了讨论，才能让这个艺术门类发扬光大，才会让更多的人叩响水族造景艺术圣殿的大门。

（一）什么是水草造景艺术

　　闲暇的时候我常思考这样一些问题，我所热爱的水草造景艺术到底是什么？这些问题我曾请教过多位水草造景设计师，也收集了一些能够解答我这些问题的资料和书籍，逐渐形成了一个对水草造景艺术的概念。我愿意将这个概念和诸位分享。

　　水草造景是在有限的空间内，以合理的美学规律，布置和利用水生物和非水生物特性，临摹自然和非自然效果的一门艺术。

　　这个概念阐述了水草造景的重要元素和追求目的，同时阐述了水草造景艺术评判的客观规律。

　　水草造景艺术包括重要的元素：水族缸（有限的空间）、水草和鱼只（水生物）、素材(非水生物)。

　　水草造景艺术的辅助元素：水体（水生物存活载体）、底床（水草生长基质）、养分（肥料和光照等）。

　　接下来的章节，我会详细介绍这些内容在实际运用中如何根据个人情况进行选择。

　　水草造景艺术的魅力，就在于它是一门生命的艺术，它充分地利用了水生物的生长特性，在水草造景整个过程中体会水草生命的每一个阶段，每一个生命个体所呈现的蓬勃的生命力。水草造景的创作源泉是大自然，当我设计思路穷尽的时候，会时常到野外去采风，来寻找新的创作灵感。

很有幸我曾游历过一些地方，我曾涉足阿尔卑斯雪山，也曾置身沙捞越的原始丛林，我还畅游过神农架和长白山原始森林。在向大自然寻找水景灵感的同时，也被大自然的创造力所折服。面对这些美景，我当时一个幼稚的想法就是把这些景观带回家。当我再次回想起当时的想法的时候，突然觉得这就是我追求这个艺术的目的，它很纯粹。

时常我也会想，我并非是一名水草造景设计师，我只是大自然的搬运工，把自然和人通过水草造景艺术连接起来。

把大自然带回家……

亚马逊　张剑锋
120（长）×50（宽）×50（高）厘米

寻踪　杨宇帆
160（长）×55（宽）×50（高）厘米

秘境　范哲敏
150（长）×55（宽）×50（高）厘米

天空　王超
120（长）×55（宽）×50（高）厘米

60（长）×45（宽）×45（高）厘米

黄土高原　张剑锋
120（长）×50（宽）×50（高）厘米

秋色 陈宥霖
90（长）×45（宽）×45（高）厘米

灵魂树 王超
120（长）×55（宽）×45（高）厘米

智取威虎 张建鹏
120（长）×45（宽）×45（高）厘米

在那遥远的地方　王超
150（长）×55（宽）×45（高）厘米

森之晨曦　叶毅
120（长）×60（宽）×60（高）厘米

愿　Cliff Hui
100（长）×40（宽）×40（高）厘米

三国演义　缪东亮
120（长）×50（宽）×50（高）厘米

瞿塘两崖　缪东亮
120（长）×50（宽）×50（高）厘米

归巢　范哲敏
120（长）×50（宽）×50（高）厘米

峰回路转　盘育成
90（长）×45（宽）×45（高）厘米

缘　Cliff Hui
90（长）×45（宽）×45（高）厘米

Dreamtale　邹德育
120（长）×50（宽）×45（高）厘米

归来　付岩松
60（长）×30（宽）×36（高）厘米

印象.崂山　付岩松
120（长）×55（宽）×45（高）厘米

清风细雨　王超
120（长）×55（宽）×45（高）厘米

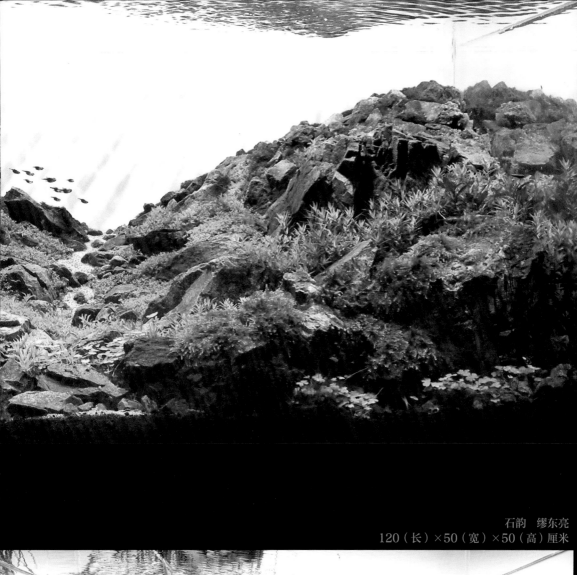

石韵　缪东亮
120（长）×50（宽）×50（高）厘米

黄山　张剑锋
120（长）×50（宽）×50（高）厘米

云中草原　张大东
150（长）×50（宽）×50（高）厘米

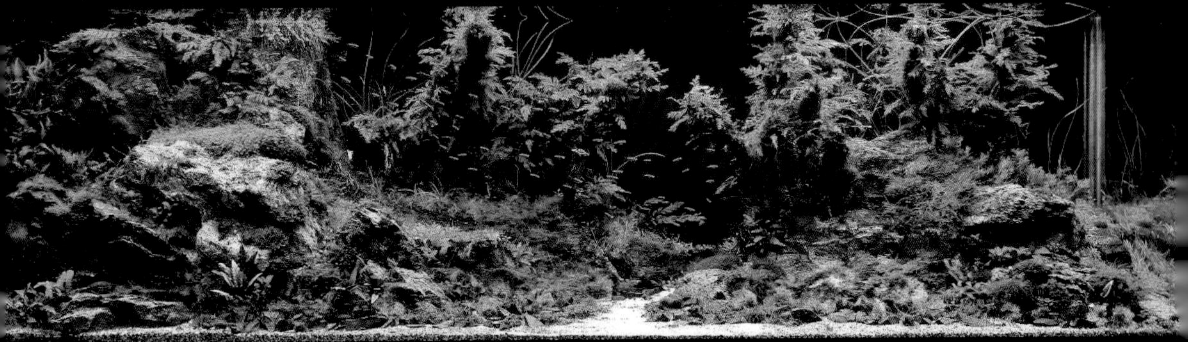

A Day When Walk on Jungle Trail 陈易圣
210（长）×60（宽）×60（高）厘米

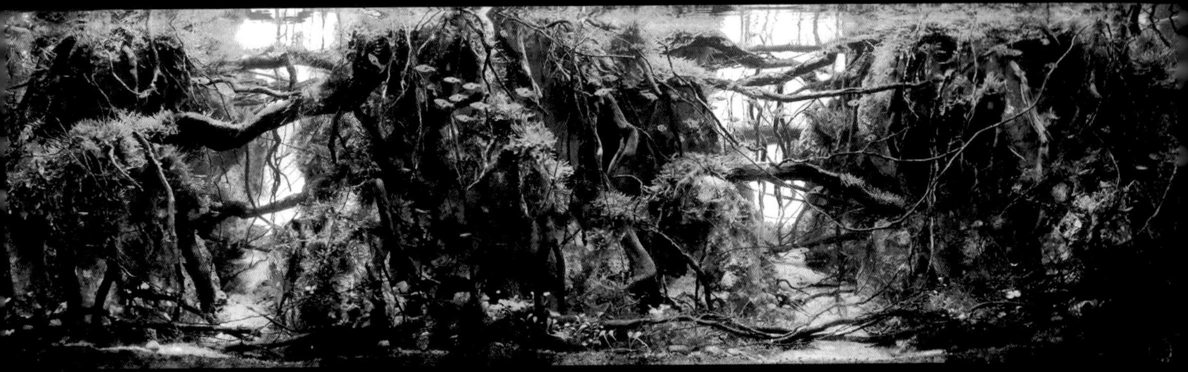

精灵王国　王超
150（长）×55（宽）×50（高）厘米

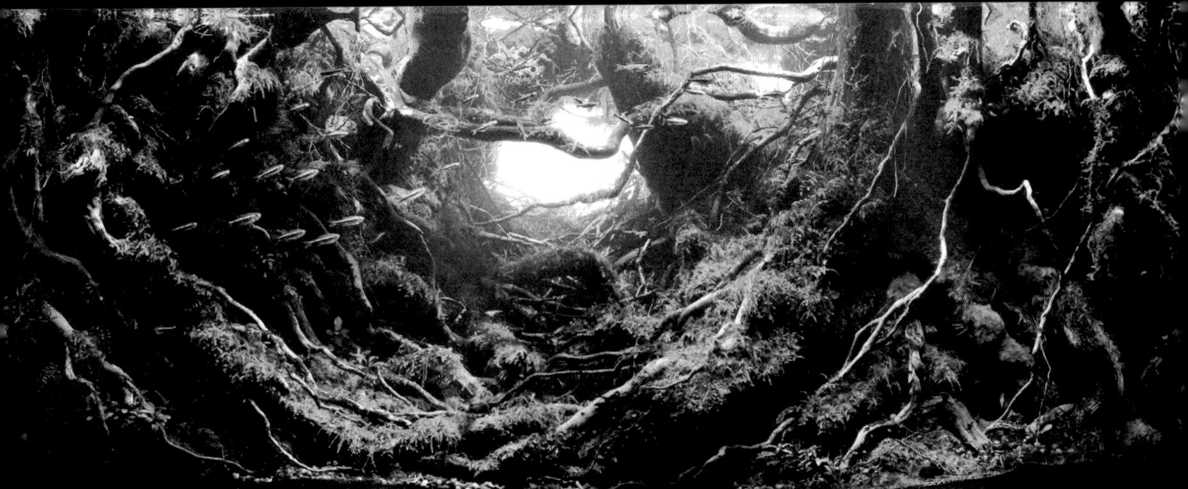

轮回天生　叶毅
120（长）×60（宽）×60（高）厘米

巨人山谷　杨远志
120（长）×50（宽）×45（高）厘米

青峰石谷　王超
120（长）×55（宽）×45（高）厘米

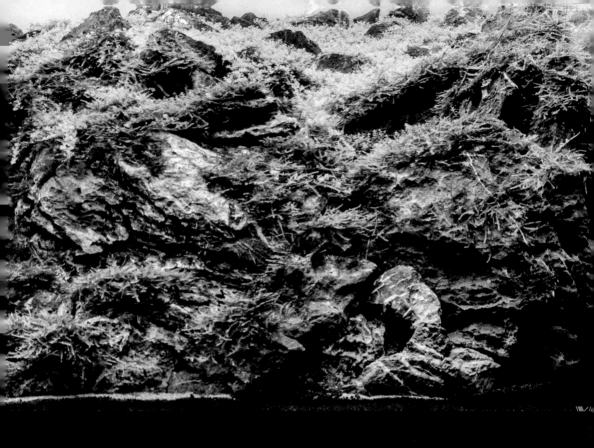

风灵洞　梁劲

120（长）×50（宽）×45（高）厘米

（二）水草造景的历史与流派

　　我们了解了水草造景艺术是什么，应该再来看看水草造景的发展，这有利于我们了解水草造景发展的概况，也利于我们确定适合自己的水草造景风格。

　　在水草造景艺术的发展历史上，每一步前进都对今日的水草造景艺术有着举足轻重的促进作用，这些科学理论、经典产品、优秀作品时至今日仍然被我们推崇、使用和模仿。无论作为一名水草造景设计师还是水草造景爱好者，我们都应该铭记这些水草造景艺术奠基者，是他们将我们引入水草造景艺术的殿堂，是他们让我们足不出户便能感受自然，领略自然，学习自然。

　　近现代科技的迅猛发展给水草造景注入了新鲜的血液。1851年在英国举行第一届万国工业博览会，会上展示了一个装饰华丽、以铸铁作框架的玻璃水族箱，虽然这个由生物育养箱演变而来水族箱，无法跟现在水族设备相提并论，但这丝毫没有影响水族饲养成为英国大众的流行爱好。第一次世界大战后，西方国家大多家居都已经有了电力供应，电力改变了人们的生活方式，同时也改变了水族领域，电力的普及使得人工照明、过滤、水温控制都成为可能。20世纪60年代，随着西德的经济复苏，随之而来技术上的革命再一次影响了世界水族界。这次技术革命使德国成为现代水草缸养殖的鼻祖，截至20世纪60年代，德国完成了现代化水草缸的最主要的硬件体系建设，而英国这个曾经的水族巨人，还沉浸在框架水族箱带来的喜悦中。

水草造景艺术发展至今，在借助强大的科技力量的同时，又不断引入了很多新的元素，但却精致地传承了水族的核心——鱼。其目的之一，也是让鱼有如同自然水系中一样的生活条件。自然水系的特点丰富多彩，江河、溪流、湖沼等水域中，大自然完美地造就了全世界2000多种热带观赏鱼，这些还不包括新发现的物种和神秘的海洋鱼类。原生观赏鱼分布地域的广泛和数量的庞大，决定了它们不能被全世界所有的爱好者同样接受和喜爱。因此人为地形成了区域性的审美标准。在英、美发达国家中平均每七个家庭就有一个有鱼缸，他们饲养的观赏鱼，没有什么禁忌或偏好，视家庭成员的兴趣而定，所以，英美两国家庭并不在意观赏鱼的档次、价值，他们喜欢比较容易养活的小型鱼。西欧的其他国家也大体类似，其中德国人、荷兰人、捷克人对于世界热带鱼饲养的发展有着不可磨灭的贡献。特别是德国人，他们创造和丰富的养殖热带鱼用的器材、工具、药品等，给观赏鱼爱好者带来了很多便利。亚洲也是观赏鱼主要消费市场，新加坡是世界观赏鱼贸易中心（主要是热带鱼贸易），而日本则一度是重要的消费中心，引领亚洲的热带鱼消费的潮流，近几年，它的中心地位被中国动摇。亚洲人饲养热带鱼主要是为了装饰，为美化家庭环境，所以亚洲人往往喜欢比较大型的鱼，而且讲究档次，尤其偏爱比较珍稀的种类。这样的消费习俗造成了价格高昂的珍稀鱼类在亚洲盛行。

1851 年，英国举行第一届万工作博览会上展示了一个以铸铁作框架的玻璃水族箱，这是现代水族箱的鼻祖

20 世纪 20 年代，在美国 Mattel，创立了 Metaframe 品牌成为近现代最早的水族品牌

20 世纪 60 年代，第一款安全的水族用电加热棒是由 Eugen Jager 发明的，随后他创建了著名的加热品牌 Jager

1982 年，天野尚先生创立日本天野水族设计株式会社（ADA），拥有独立水族产品的生产能力，提供全套水族用品，由于品质上乘所以广受水族爱好者喜爱。

1982 年，美国水景设计协会开始举办世界水草造景大赛（AGA 比赛）

1851 1950

1883 年，德国的一位生物学家英格曼推断，植物进行光合作用时吸收的主要是光谱中的红光和蓝光

1949 年，古瑟·伊孚先生成立了德国伊孚公司，公司专门研制出离心泵，被用于模型火车，而后运用这项科技，研制出世界第一台水族过滤器。

20 世纪 70 年代，Pcter Wilkens 出版的《热带海洋无脊椎动物水族箱》提出了后来被称为"柏林系统"的技术。

1987 年，ADA 完成了世界第一套水族 CO_2 供应系统的设计和生产

光合作用

2001 年，世界水草造景设计大赛（IAPLC 比赛）开始举办

2005 年，中国台湾水景设计师陈德权的作品 *Towering Strange Peaks* 获得 IAPLC 冠军

2009 年，模仿陆地景观水草造景作品风靡全球

2000　　　　　　　　**2008**　　**2012**

2000 年，日本天野尚先生在自己官邸制作了 4（长）×1.5（宽）×1.5（高）米（当时世界第一大水草造景水族箱）的自然水景作品，至今仍被称为经典作品之一

2003 年，位于日本西部新潟的自然美术馆成立

2006—2008 年，中国两岸三地多位水景设计师在世界级比赛中取得佳绩。

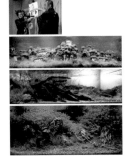

2012 年，中国水景设计师张剑峰作品《亚马逊》荣获世界水草造景大赛冠军、美国 AGA 大赛全场大奖

水草造景也受到地区和人们的偏好限制，形成了若干个风格与流派，接下来我们将借助图片来阐述不同风格的水草造景流派。

1. 荷兰式水草造景风格

　　这是一种古老的水草造景风格，也是在世界范围内深受水草造景爱好者喜爱的造景风格，有趣的是，这个造景风格并非发源于荷兰，而风格的定义叫作"荷兰式"却与荷兰不无关系。荷兰这个地处欧亚大陆，有着"花之国"的美称的国家，其国花郁金香更是享誉世界，深受人们的喜爱。荷兰式水草造景方式深受欧洲园林艺术的影响，继承了欧洲园艺的气势恢宏，视线开阔，严谨对称，构图均衡等显著特点。

　　荷兰式水草造景风格在"黄金比例法"的基本原则框架下，严格的水草搭配设计，不使用硬骨架作为支撑，通过"军团式"密集栽种各类有茎类阳性水草，再加上后期维护修剪，充分发挥水草的颜色和叶形特色，形成结构明确、层次分明、色彩艳丽的水景景观。当你驻足于一个优秀的荷兰式水草造景景观面前时，犹如置身于欧式的园林中，会被眼前庄重典雅，雍容华贵的气势所折服。

　　荷兰式水草造景风格要求对水草自身特性和生长环境有充分的了解，并且有精准的水草修剪功底。

　　随着水草造景艺术的不断发展，越来越多的水草造景风格确立，但仍然有大量的水景设计师，偏爱荷兰式水草造景风格。

2. 自然式水草造景风格

　　如果需要用地域名称来命名这个水草造景风格的话，用日本式水草造景风格就再确切不过了，因为自然式水草造景风格的奠基者就是著名的天野尚先

生。他16岁时开始成为自行车竞技选手，后来又成为世界环境摄影家协会会长，并创建了以他名字命名的自然水族馆，在水草造景爱好者中传为佳话。

自然水草追求自然和谐的意境，表现丰富多样，常借助非水生物素材，融入东方美学观的诗意来表现自然效果。自然水草造景较多使用石头为主要素材来进行造景。对石头的形状、纹理、色泽的选择有一定的考究，利用素材、水草等素材表现出自然水草造景的诗情画意。近些年来，在西方，自然水草造景风格也深受水景设计师的偏爱，被西方人称为"哲学式"水草造景。可见自然水草造景中还富含东方哲学的气息。

3. 东南亚式水草造景风格

东南亚式造景风格是以泰国的湄南河入海口处的沼泽地风景为范本的。湄南河的上游为山区，多为激流浅滩，下游地势平坦，水网如织，气候炎热，是一望无际的沼泽地，上面长满各种各样的植物，溪水中多为鲤科倪类，此外还有攀鲈、斗鱼以及鳅科和鲶科鱼类。著名的射水鱼也产于这里的河口一带。东南亚水草造景风格以各种东南亚特产的椒草为主，前景草以鹿角苔、小莎草、牛毛毡或谷精草栽成许多小块，模仿沼泽地的景象，放养鱼类以东南亚特有的小型鲤科鱼类为主。

4. 南美式水草造景风格

　　提到"南美"这个词不能不想到世界最长的河流——亚马逊河。南美式的水草造景风格是以亚马逊河流域的热带雨林为范本的。亚马逊河上游地处高山峡谷，河流奔腾、水势汹涌。从中游开始地势平坦，水流平稳，众多支流汇入其中使水量激增，河道宽广，两岸树林茂密葱茏，遮天蔽日，云雾缭绕，林下灌木丛生，藤蔓缠绕，水中倒木、浮木上长满青苔，湿生植物层层叠叠。这里的雨水不会从天上直接落到地上，而是从树叶上一层一层地往下滴落，这很像我们使用的滴流式过滤，只不过这是一个天然的巨型滴流式过滤器，最后雨水全都渗入到由落叶堆积的腐殖质中，再慢慢渗入河中，使水呈红褐色，pH为微酸性。

　　南美洲风格的水草造景所使用的水草种类非常丰富，可以使用原产地为南美洲的各种水草，以皇冠草为主，最重要的是多置几块沉木，上面缚满莫丝。放养鱼类以脂鲤科的各种灯鱼为主，也可以放养几尾神仙鱼或七彩鱼。

5. 非洲式水草造景风格

　　位于坦桑尼亚、布隆迪、扎伊尔和赞比亚四国的交界处，正处在东非大裂谷上的坦噶尼喀湖，孕育出有着类似咸水鱼丰富体色表现的坦鲷，也为非洲式水草造景风格提供了灵感的源泉。大自然用了100万年的时间形成了这个标准的构造湖。能让我们领略到湖滨悬崖峭壁直插入湖中，瀑布从天而降，湖水深不见底，原始而又神秘，狂野而又奔放的自然景观。

在非洲式水草造景风格中，常用一整块砂片岩或其他片状岩石，直立或稍微倾斜地放置在水族箱中作为背景板，以营造出悬崖峭壁的气势。底床主要使用沙粒，在底床和片状岩接触的部分，自然地点缀一些天然的鹅卵石、龟纹石等具有自然纹理或色彩特点的石块。水族箱内种植各种水榕、黑木蕨或网草等水草，放养各种非洲短鲷、琴尾鱼、刚果灯等非洲特色鱼类。

在国内，非洲式水草造景风格已经逐渐脱离水草这一标志性元素，更多的非洲式水景利用泡沫背景板或树脂背景板来实现坦湖壮观的景象，这些变化究其根本都是因为有着迷人体色的坦鲷。

6. 原生态水陆风格造景

原生态水陆式水草造景风格是在水族箱的后半部用岩石堆叠起来，并使岩石高出水面，除了在水中栽植水草之外，在岩石上也种植花草。也有的是将水族箱分成前后两部分，后部为过滤槽。在过滤槽上摆放岩石。岩石上种植的花草均为喜湿的种类。如：网纹草、亮丝草、花叶芋、白鹤芋、合果芋、朱蕉、虎斑秋海棠、富贵竹，等等。也可以栽种榕草、椒草、皇冠草的水上草。水陆造景风格除了大量使用鱼类之外，也利用各种蛙类参与造景。

在国内的水陆造景爱好者，将这一风格与盆景完美地结合，在岩石上还可以摆设陶瓷人物或建筑，同时也借鉴了盆景设计的一些要素和特点。赋予了水陆造景更多的故事性。

7. 陀草造景

　　随着水草造景艺术在世界各地的普及，水景爱好者发现水草的水上叶呈现出与水下叶完全不一样的特点。日本人最早开始利用水草的水上叶部分，定植在吸水的基质中，再包裹上有附着生长特性的陆生苔藓或水生苔藓，以此来减少基质中水分的挥发和加大水分的输送。这类产品一经面世，就被水族爱好者喜爱，而且迅速地发展成一个单独的造景风格。陀草的命名也是从日文中"水边的草"译音而来。

8. 中国水草造景艺术的展望

　　非常遗憾的是，中国尽管近些年在国内第一批水草造景师的带领下，取得了一些值得骄傲的成绩，但目前尚未形成自己的水草造景流派，因此也就谈不上什么特点。可是，中国有着五千年的文明史，有着深厚的文化底蕴，中国水草造景应该吸取儒家的"仁爱"和道家的"天人合一"的思想，借鉴中国山水画和中国盆景的特点，形成与其他造景艺术有相似之处，但又有不同之处的独立风格。总之，如果中国水草造景能够吸取荷兰水草造景风格的华丽、德国水草造景风格的自然和日本水草造景风格的富有诗意的优点，结合中华民族的特点，走出一条自己的路。它应该是不失自然的、华丽的、富有诗情画意的、表象大气的水草造景风格。

（三）水草造景艺术
在生活中的应用

水草造景艺术因为纯手工制作并且融入主观意愿的原因，使其呈现出极富个人化的特点，能够彰显个性。彰显个性与美学原则相结合，就能创造出极高魅力的佳品！把一个美丽的水草造景水族箱摆放在家中，不仅可以装点家居，还可以使生活更有情趣，当你看到一个生动的活体水族箱的时候，可以感受到置身于自然的神秘，会有一种置身于大自然的感觉，心情得以放松下来，一天的工作劳顿也一扫而空，心情变得格外舒畅。

　　水草造景在家居环境中有很多应用，人们喜欢把水草造景作品摆放在客厅、书房里，给单调的生活带来了些许惊喜。漂亮精致的水草景观与灵动的鱼儿相得益彰，把自然的气息带到你的身边，既彰显主人的个性，又能在加湿、补充光源方面起到实用性功能。

　　水草造景也从家居环境中，走进了商业环境。现如今我们漫步在各地的商业中心，不时有造型独特的水草造景缸映入眼帘，水草造景在商业宣传上的应用，无疑是商家招揽顾客的有效手段之一。水草造景不仅能让顾客驻足于店内观赏，主动地给商家增加客流，优秀的水草造景设计师还会在水草造景中融入商家的企业文化，赋予了水草造景艺术更多的应用价值。

　　时至今日，水草造景艺术已经有了更广阔的应用空间，幼儿园、饭店、主题宾馆、会议中心都得到了大量的应用尝试，天野尚先生也在水族馆中开始了水草造景应用的尝试。这些努力会逐渐改变水草造景艺术的现有结构，使其继续蓬勃地发展下去，也会使得更多的人深爱上这项有趣的生命艺术。

二

造景艺术与空间摆放

　　水草造景艺术和我们熟知的音乐，美术，雕塑等都是相通的艺术。正如一件精美的雕塑作品，您不会轻易地摆放。水草造景也很讲究摆放位置。也许您已经被刚才的一些水草造景图片所吸引了，也决定添置一个水草造景缸，别着急，先思考一个问题，我们把它放置在哪里？水草造景缸摆放的位置不合适，会对水生物的生长造成影响。水草造景的摆放根据具体的环境不同，选择的位置有所差别。

　　水草造景艺术在家居环境中，更多的作用是为了装饰家居环境和彰显房主人的性情而出现，更多的时候，我们把水草景观放置于书房、客厅。水草造景缸比较忌讳放置于卧室，因为卧室环境相对封闭，水景缸自然挥发的水气，会加大局部环境的湿度。水草造景缸作为玄关和家居背景出现在家居环境中是个不错的选择，当然摆放位置也要考虑维护的便利性和不影响家庭成员的活动空间，特别是家庭成员有多动的小朋友时，要充分地考虑到小朋友的好奇心。除此之外还要尽量远离家用电器，以免对昂贵的家电使用寿命造成影响。家居环境中水草景观不宜摆放过高位置，放置位置过高，容易给水草造景设计和维护平添一些小麻烦，让水草造景艺术给我们生活带来的乐趣有所折损。

水草造景缸在商业环境中的摆放，很多时候是邀请专业的水草造景设计师来完成，其中还包括店面的统一设计。他们在设计时，更多考虑的是吸引人群的功能性，多数情况下，水草造景缸放置在视线开阔的区域和人群流动性高的位置，以环绕式摆放结构来增加水景观赏角度，这类水草造景景观很少考虑维护和设计成本，这些工作都交给了专业的水草造景设计师来完成。所以这类水草造景景观观赏价值非常高，这样才能加深人群对水草造景艺术的印象。除了摆放位置，在水草造景缸设置初期，还要为水草造景缸需要的一些硬件设备预留出足够的空间，以此来保证大型的水草造景缸的水生物有优越的生长环境，以呈现出旺盛的生命力。

　　办公环境中的水草造景缸放置，多以公司形象的形式出现，矗立在公司门口和大型会议室中。通过这种形式对公司的客户和员工，渗透公司的企业文化及行事理念。这类水草造景缸会追求一些特殊的观赏效果，多以人造光源来形成特殊的光影效果，以此放大水草造景的艺术效果。

三

如何选择水草
造景的设备

（一）水族箱

　　水族箱面世以来，在过去的一百多年里，伴随着工业革命和人工工程力学对现代化商品的洗礼，发展迅速。如今，展现在我们眼前的，可以说是非常漂亮，极其易用的水族箱了。

　　目前市场上流行一种超透明低铁玻璃——超白玻璃，这种材质，具有晶莹剔透、高档典雅的特性，有玻璃家族"水晶王子"之称。这种新型材料一经面世，便在水族方面得到运用，深受广大水族爱好者的好评。因为超白玻璃对制作工艺的要求较高，目前只有少数厂家能够生产，所以价格较普通浮法玻璃高出1~2倍。但这丝毫没有影响超白玻璃水族箱在水族爱好者当中的普及。随着工艺手段的进步和市场需求的逐渐扩大，超白玻璃水族箱的价格也逐渐亲民化，能被普通消费者所接受了。

除了水族箱的材料，还可按照水族箱结构类型来认识水族箱。开放式水族箱和封闭式水族箱，主要的鉴别方式是判断水族箱是否有盖子。加了上盖的封闭式水族箱，一方面可以更好控制水的自然挥发，以免空间湿度过高。此外，对水族箱保温也有很好的作用。另一方面，封闭式水族箱的上盖，集成了人造光源，这在一定程度上降低了水族箱选择的难度。但是封闭式水族箱在水草造景方面，缺点非常明显。首先封闭结构不利于设备的扩展，比方说封闭水族箱的光源，并不一定适合所有的水草，一定要增加照明强度的时候，就极其麻烦。对于水草景观来说，在炎热的夏季，全封闭也成了一个缺点，水蒸气无法挥发，导致水体温度居高不下，这对大部分水草并不是一件好事。与之相比，开放式水族箱的优点就十分明显。首先，开放的水族箱，设备空间充裕，为照明设备、CO_2设备、过滤设备、温控设备预留了空间。而且开放式水族箱简洁大方，可以跟各种装修风格融合，这也便于之后水草造景的设置和维护。

国外的水族箱的分类方式，是按照水族箱的容水量来定义水族箱，小型水族箱容水量在70升以下，中型水族箱容水量在70~200升之间，大型水族箱容水量200~400升之间，以及容水量400升以上的超大型水族箱。

（二）底床

常规的水草培育离不开底床。在水草养殖系统中，底床有着如下几个作用：

⑴ **提供水草定植的物理基质**。大部分水草需要定植在一定的基质中才能良性地生长。水草通过根系把植物体本身固定下来，以满足植物对于空间及方向性的需求。因此，底床颗粒需要一定的密度来保证植物体可以很好地被固定。大部分泥土系、沙系的底床密度都远大于水，能够满足水草定植的需求。

⑵ **为水草提供养分**。很大程度上，水草可以通过叶片、茎等器官直接吸收水中的营养物质。但是，根系的吸收作用仍然不可忽视。水草泥（土壤系底床）往往都富含植物所需的营养物质。优质的水草泥可以使水草的培植难度大为降低，甚至在

种植前期无需使用液肥。这对于初学者或者工程性水景设计师是十分方便的。当然，水草泥也有很多品牌和优缺点，后面会有详细的文章介绍。而沙质底床往往缺乏营养物质。所以设缸时往往需要提前埋设基肥。

⑶ 调节水质的作用。由于大多数水草来自热带及亚热带地区。而原产地的水质大部分呈现低硬度和微酸性，因此，能还原原产地的水质条件对水草养殖是十分有益的。其中调节水质最有效果的就是水草泥。水草泥可以起到软水降酸的作用，最大限度地呈现原生水质状况。在这方面，陶粒及沙质底床则没有调节水质的作用。甚至，部分钙、镁含量高的底沙会提高水的硬度。所以尤其需要注意底床材质。

⑷ 培养底床微生物。水草底床有着很大的表面积。同时在水中直接与鱼的代谢物、水草等直接接触，同时也存在着氧气浓度的梯度变化，所以水草底床的生化能力不容忽视。这也是很多人觉得养鱼如果能铺些沙前期水质比较好的原因。当然，这也会存在一定的风险与弊端。粪便及沉积物的长期积累可能会导致底床过度厌氧菌发酵，以至产生硫化氢等有害物质。所以，针对这种情况，也衍生出了一些产品。比如能源沙（也有肥料作用）、底床加温线等。总体来讲，只要保证一定的透气度，底床腐败还是可以得到有效控制的。底床中的有机物通过活跃的微生物活动，分解成能被水草作为营养元素吸收的无机物，因此富有活力的底床与水草根系的健康有着密不可分的关系。

1. 底床种类

简单说了下底床在水草种植中的主要作用。那么我们再来看看市面上五花八门的底床品类

⑴ 沙质底床

沙质底床可能是我们最容易取得也是最经济的底床材质了。这类底床基本都是天然岩石成分，有些是天然采集，有些是经过人工破碎、打磨而成的沙质底床。一般来说，常见的沙质底床密度都比较大，在水草种植方面都没有什么问题。但是沙类不含养分，同时不具备调节水质的作用。因此，可以选择在铺设底床之前埋设基肥，在后期注意添加液肥。同时需要注意选择钙镁含量较低的水草沙，石英砂、巢湖沙等都是不错的选择，菲律宾沙则含有大量的钙会导致水质硬化，应尽量避免。

⑵ 泥质底床

水草泥是为了降低水草养殖门槛研发产生的"傻瓜"产品。在水草泥还未在国内推广的时期里，一些特殊品种的水草培育是十分困难的。比如太阳类、古精类水草。水草泥最大限度地调整水质的状态，通过合理光照和二氧化碳配合，让高难度水草的种植变得出乎意料的简单。现在的水草泥品牌空前的"繁荣"，国内国外的品牌非常繁杂，让很多朋友眼花缭乱。怎样才算是一款好用的水草泥，我个人觉得有几点：第一，有较好的调理水质的能力。如果没有调水能力为什么不选择陶粒或者沙质底床呢？第二，由于原材料泥土的性质不稳定，因此水草泥也是常见底床中最容易出状况的。常见问题主要是黄水、白浊。尽量避免购买易出现这种状况的泥土。第三，肥性。肥性也是非常重要的。由于烧结的时间及温度不同会赋予不同品牌泥不同的特性。第四，粉化。相比较前两点，粉化只涉及寿命问题。前两点则是能不能用的问题。

(3) 其他底床

陶粒

最早使用的陶粒是常在花卉水培中运用的砖红色的大颗粒。我们现在常用的灰黑色陶粒最早是在水处理作为滤料使用。优点如下：

① 外观比河沙上档次。② 其次是耐磨，不粉化，因此寿命很长，基本上是不需要更换的。③ 生化效果明显。由于陶粒的特殊结构，表面积非常大，因此，生化效果非常好，使用陶粒的水族箱往往水体非常清澈、稳定。

陶粒沙也有自己明显的缺点：

① 不调水。陶粒不会像水草泥一样起到降酸软水的作用。因此在一些水质硬度较高的地区，使用陶粒跟使用水草泥养草的效果会差异很大。② 前期吸肥。由于陶粒中有大量的空隙，因此会像海绵一样容易吸附各种物质。很多朋友都跟我反映过这种现象，使用陶粒前期很容易出现缺肥的现象。我个人也观察到有陶粒打底的泥缸水草生长会偏慢。但经过一段时间，陶粒吸收饱和后这种情况就会得到缓解。③ 质轻易滚落。陶粒非常轻同时密度较小，因此很难用来堆高，因此在一些特殊的造景中无法使用。

黑金沙

本身非天然成分。比较像黑色玻璃样的碎屑，非常锐利坚硬。不利于水草根系生长，同时感官十分不自然，且铺设后很容易造成底床缺氧腐败。

化妆沙

化妆沙是对水质影响较小，且颜色较浅，较细的沙质底床。其主要功能不是用来栽种水草，而主要起到装饰的作用。通常铺设在前景和留白等位置。因为颗粒细小，所以不要铺得过厚防止厌氧腐败。

能源沙

能源沙主要有两个作用。一是可以起到基肥的作用。能源沙混合了一定比例的肥料。因此对于水草的生长有着很好的营养作用。二是能源沙还有大颗粒的疏水材料，可以保证底床较好的透气性，防止底床板结和厌氧腐败。尤其对于长期保养维护的缸体是十分有益的。

水草泥

2．底床的搭配和选择

由于底床的品种非常多样，就会衍生出多种底床的品种搭配和组合方式。下面简单介绍两种底床的铺设方式。

水草泥铺设方法：先在鱼缸内提前预置一些防板结剂、微生物粉、基肥等。也可以铺设能源沙。然后，在之上铺设水草泥。根据情况来补充细泥和化妆沙等其他底床。

水草沙的铺设方法更简单一些，铺设基肥，上面铺设水草沙。水草沙选择直径3~4毫米颗粒光滑的为宜。

能源沙　　底床添加剂

（三）水草造景
硬景观素材

　　水草造景除了使用水草之外，在水族箱内还会适当选用一些其他材料，用这些材料搭建起一个水草造景结构骨架，这个骨架可以把整个水草造景支撑起来。这个材料被我们称为"素材"。这些材料是我们从现实生活中搜集到的、未经任何整理加工处理的、极富个人感性色彩的原始材料。因为考虑到需要

运用到水族箱内，这些素材不能对水质有过于负面的影响。我们常选用的素材包括三类：水族造景石材、水族造景沉木和其他装饰材料。

1. 水族造景石材

水族造景石是水草造景设计者们经常采用的一种自然素材，因为石质的坚硬质地，不经雕琢的气质，在水草造景中会经常运用。之所以称为水族造景石是因为想将这类石头与我们平日见到的大多数石头区别开来，水族造景石对水质影响较小，而且更利于水草造景骨架的搭建和水草景观的表现。水草造景设计师们已经对大多石头在水中的表现进行了整理，下面就介绍一些常见的水草造景石的使用。

云雾石

云雾石主要产于我国西南地区，云雾石质地坚硬，黑白鲜明，棱角分明层次感强。大自然赋予它美妙的神韵，如引人入胜的画卷，给人们愉悦的艺术浮想。值得庆幸的是中式园艺设计师先于水草造景设计师们开始了云雾石装饰的尝试，在一些公园等公共休闲场所我们可以很容易看到云雾石的身影，这些足以体现云雾石的神奇与非凡，当然这也给水草造景设计师提供了灵感，是的，云雾石可以运用到水草造景水族箱中。

松皮石

松皮石因其体表多呈现松鳞片状，故得其名，质地软中有硬，在石料断裂处常有棱角。因为这些特点松皮石可塑能力特别强，在实际运用中会彰显出奇特的造型，搭建山体骨架是重要石质素材。

英德石

因其产地在广东英德而得名，它是石灰岩经自然风化和长期侵蚀而形成的千姿百态的石灰石，英德石坚固耐久，不易损坏，是园林美化和制作山水盆景的优良材料。现在草缸中应用较多。虽然也增加水的硬度，但是优良的形体还是吸引了众多造景爱好者。

值得一提的是近年来随着国际水草造景大赛而出现的一种青龙石，青龙石多棱角多带白色不规则花纹，被誉为水草造景缸的极品之石。其实这种所谓的青龙石是大批英德石人工筛选出来的，并进行酸洗处理的英德石。酸洗后的英德石颜色青蓝，白色纹理更加明显。

火山岩

又名浮石，是一种火山碎屑岩，主要是由火山作用而形成的各种碎屑物堆积而成的，往往混有一定数量的正常沉积物或熔岩物质。颜色有黑色和红色两种，无棱角，对水流阻力小，不易堵塞，布水布气均匀。表面粗糙，挂膜速度快，反冲洗时微生物膜不易脱落。是很好的菌群载体。非常适合作为水族造景用石使用。

卵石

是最常见的天然石材，在溪流和水库附近能找到。卵石经过长期自然水体冲刷，表面光滑而浑圆，是色彩丰富的一种石质素材。

木化石

顾名思义是木头的化石，按成因不同又可分为竹化石、松化石、柏化石，等等。有灰色、黄褐色、褐色和黑色等，石头表面有天生的纹理。这种石头性质稳定，无论是形状还是酸碱度，都是最适宜水草造景的。

木化石在水草造景中可以轻松地将历史感淋漓尽致地表现出来，很多优秀的水草造景作品都采用木化石作为主要的石质素材。

龟纹石

又名风化石，由各种碎石聚合而成，色彩相杂，沟纹纵横，质地非常坚硬。主要由石灰岩组成，其中的钙会慢慢溶入水中，使水质变硬。但是其丰富的表面纹理，让很多水草造景设计师所妥协，宁愿增添繁杂的水族软化设备，平添软水处理消耗的时间来使用，这足以证明龟纹石魅力所在。

2. 水族造景沉木

水族造景沉木包括阴木，流木，半沉木。

阴木是指自然环境中由于地震、洪水、泥石流地质灾害，将地上树木等全部埋入河床等低洼处而形成的木头。它们是在缺氧、高压状态下，细菌等微生物的作用下，经长达成千上万年炭化过程形成的。颜色大都黑褐色，质地紧密，枯而不朽，腐而不烂是阴木最大的特点。因为形成的原因使得这部分素材体积很大，非常适合大型水草造景作品中运用。

流木是植物生物腐化在酸性的沼泽地中变化而成，颜色呈褐色，质地紧密，长时间使用表面会有一些腐化脱落。流木因为经过自然腐化，所以造型千姿百态，而且体型相对阴木要小很多，被广泛地运用在中小型水草造景水族箱的硬景观搭建上。

半沉木严格意义上讲，并非是沉木，是人为地增加树枝含水量，使其具备沉入水中的特性，大多数木材通过煮泡手段都能够实现这个效果。甚至可以通过将漂浮的半沉木与石质素材捆绑或挤压，来增加密度达到沉水的目的。市场上常见的杜鹃根，就属于半沉木。其特性更为复杂，深受水草造景爱好者们追捧。

不过我还要提醒一下，沉木碳化的程度不完整，木质素尚未完全分解掉，放置在水体中后，木质素就会在水中分解成单宁和腐殖酸，这些物质虽然不会直接对水中生物有害，但富含色素，会让你的水质整体颜色发黄，而且根据沉木碳化程度的不同，持续的时间也不同，唯有等木质素完全散出后，水体才不会继续变色。但这对于鱼群并不是一件坏事，一些原产于南美的热带观赏鱼，会更喜欢这种色泽的水体，但是水体呈现黄色，确实不利于我们观赏水草造景作品，这个可以通过定期换水来降低色素在水体中的含量。

造景普遍使用的木素材分三类：

沉水：含水率12%时气干密度大于1.00克/厘米^3，俗称直沉。

半沉：含水率12%时气干密度介于0.7~1.00克/厘米^{3}之间，俗称泡沉。

浮水：含水率12%时气干密度小于0.7克/厘米^3，俗称煮沉。

目前国内玩家所用的木素材，大多系根艺边料为主，以香枝木类黄檀属树种、红酸枝木类黄檀树种、黑酸枝木类黄檀属树种、鸡翅木类崖豆属和铁刀木属树种为佳，皆为列入国标之名木。实际并不属于阴沉木类，多为蚁沉。

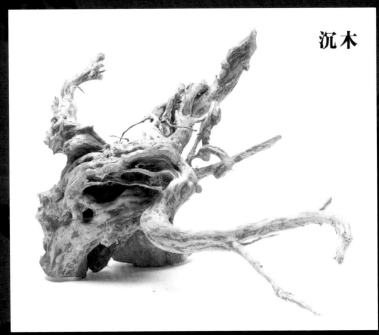

沉木

半沉木

（四） 光照

植物生长离不开阳光。通过光合作用，植物可以将简单的无机物合成葡萄糖等有机物。但在室内的水草养殖过程中，我们通常使用的是灯光来代替阳光照射水草，那么灯光就显得尤为重要了。影响植物光合的作用的因素很多。对于植物来讲，有两个重要的指标。一个是光的强度，一个是光谱。这里不得不提到一个概念——光补偿点。所谓光补偿点是指植物在一定的光照下，光合作用吸收CO_2数量达到平衡状态时的光照强度。植物在光补偿点时，有机物的形成和消耗相等，也就是说如果想让植物能够正常地生长，那光照强度至少要达到光补偿点。如果光照长期低于光补偿点，植物的消耗就会大于生长而导致死亡。因此，种植水草最起码要保证一定的光照强度才行。

那么是不是光照越强越好呢？答案当然是否定的。在一定的光照强度范围内，植物的光合速率随光照度的上升而增大，当光照度上升到某一数值之后，光合速率不再继续提高，这时的光照度最为合适。

光照强度超过光补偿点后，随着光照强度增强，光合强度逐渐提高，这时光合强度就超过呼吸强度，植物体内积累干物质。但达到一定值后，再增加光照强度，光合强度却不再增加，此即光饱和现象。达到光饱和时的光照强度，即光饱和点，当光照强度超过植物所能接受的范围之后就会出现光抑制现象，光合作用效率会随着光照强度的增强而降低。植物也很容易出现晒伤的现象。比如部分水草的白化、莫丝发黄都可能是由于光照强度过大而导致的。

另外不得不提到的是光质。阳光是由很多种色光混合成的。对于植物来讲，最有效的是红光和蓝光。叶绿素最强的吸收区有两处：波长640～660纳米的红光部分和430～450纳米的蓝紫光部分。叶绿素对橙光、黄光吸收较少，尤以对绿光的吸收最少，所以叶绿素的溶液呈绿色。

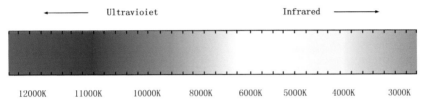

反应在灯具方面，我们往往通过两个指标来考虑灯具是否合理。

第一是灯具的功率。通常意义上水草需要满足每升水0.7瓦的照明功率。但是需要说明的是，这个数值不是绝对的。针对不同尺寸的水族箱需要灵活考虑。比如，对于水深不超过30厘米的小型缸体，相应需要灯光的功率就不需要那么高，每升水0.5瓦的照明功率就可以满足大部分水草的需求了。光线在穿透水体的过程中，能量会有所衰减。对于水深超过60厘米的大型缸体，就可能需要更大的功率的灯具。同时不同形式的灯具也会有不同的照明效果。对于平板式灯具而言，照明比较均匀，而点光源的灯具，在灯的正下方光照较强，越到边缘光照强度越弱，这也是需要考虑的。不妨根据鱼缸的尺寸和景观要求来选择适合的灯具。

第二则是灯具的色温，这点与光谱有关。在正常的日常阳光变化中，色温从早晨阳光初期逐渐升高，到正午达到最高，到傍晚逐渐降低。而在光源选择上，也有色温的差别可以选择。我们常常用"K"做单位来表示色温，数值越大，色温越高。色温越低越倾向于红色，呈现暖色调，色温越高越倾向于蓝色，呈现冷色调。从观赏角度来看，冷暖色调的灯光会带来不同的视觉效果。暖色的较低色温灯光比较容易突显红色系的水草，而对于较高色温偏蓝色的灯光则无法很好的表现红色水草的色泽。而对于整体偏绿色的造景，暖色灯光的表现效果就不是十分理想。一般认为红光有利于提高植物的光合效率，而高色温的蓝光有利于诱导红色系水

草的发色和前景草的矮化。

水草对光照的需要

不同品种的水草对光照的要求也是各不相同的。常见的水草分类会根据水草对光照强度需求的不同分为阳性草和阴性草。大部分的有茎类、红色系的水草都属于阳性草，而蕨类和苔藓类往往都属于阴性草。

颜色鲜艳、明亮，且非绿色的水草往往都是阳性草。阳性草相对于阴性草生长更快，对光线与二氧化碳的需求更高。阳性水草有着较高的光补偿点，因此需要更强的灯光。在灯光不能满足其要求的时候，就会出现追光徒长的现象，红色系的水草也不能表现出漂亮鲜艳的颜色。由于生长速度较快，需要定期修剪和添加肥料。

阴性水草以蕨类、苔藓类为主，还包括天南星科的榕类及椒草等。颜色往往较深。生长缓慢，对灯光、二氧化碳等条件要求不高。过强的光照并不适合用来培育阴性草，一方面过强的光线容易引起暴藻，另一方面，有可能会晒伤水草。因此如果单独培育阴性草的话，可以选择弱一些的灯光，可以最大限度地避免暴藻等问题。

1. 光照对水草的影响

(1) 对水草显色的影响

水草的发色受很多条件影响。其中非常重要的一点就是光照。只有在足够强度的光照下，红色系、彩色系水草才能表现出其绚烂的颜色。植物中不单含有叶绿素，同时还含有花青素、胡萝卜素等其他色素。在光照较弱的情况下，水草处于吃不饱的状态，会尽可能地增加叶绿素的含量与比例，以利于提高光合作用效率，产生更多有机产物。当光照强度增强到一定程度后，植物已经获得足够的能量，同时过强的光照可能会破坏叶绿素的时候，植物就会增加类胡萝卜素等光辅色素的产生，从而使叶片产生红色等鲜艳的颜色。因此我们可以认为强光是引起红色水草发色的重要诱因和要素。水草的显色实际上是一种生理保护措施。

(2) 对水草形态的影响

对于植物来讲，光照绝对是需要竞争的重要资源。水草也不例外。那么，水草是通过什么方式来对光照进行争夺的呢？答案是植物形态。在弱光条件下，水草往往处

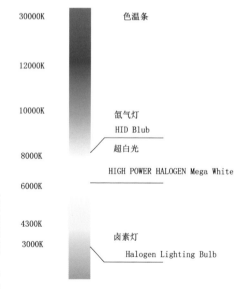

于饥饿状态，会想方设法获取更多的光照。一个方式是通过延长植物身体的方式，也就是所说的追光。一方面可以通过这种方式最大程度地接近水面，尽量减少光能量在水中的损失。另一个方式是通过叶片形态的变化。弱光条件下，水草叶片会变得更薄，同时更宽大。因为光照较弱，无法穿透更多层的叶肉细胞，自然没必要保留更厚的叶肉组织。同时，叶片越大也就意味着可以获得更大面积，从而得到更多的光照。这就是水草所谓的"追光"现象。正常情况，追光不是我们想要的状态。一方面红色系的水草无法表现出相应鲜艳的色彩。另外一方面，一些丛生有茎类，比如簀藻、矮珍珠则会长得很高，失去正常的形态。

反过来，过强的光照则会导致水草的矮化。或者说，光照过强后，植物"惧怕"光线，想远离光源，从而"趴"在底床上。如果我们希望前景草足够服帖，较强的灯光还是需要的。通过较强的灯光，我们可以使前景草更服帖，呈现紧致的效果。

弱光　　　中光　　　强光　　　中光　　　弱光

⑶ 对藻类控制的影响

藻类也是植物界的一部分，适合水草生长的环境自然也适合藻类生长。平衡水草与藻类的关系是水草培育永恒的主题。藻类的滋生不是单纯灯光作用的结果，主要是环境因素不平衡，水质不稳定导致的。但是灯光是其中一个比较重要的诱因，过强的、时间过长的光照往往会引起暴藻。相比较为低等的藻类，作为高等植物的水草有着较为明显的生物节律。在环境稳定，光照、营养、CO_2等条件较为稳定的环境中，水草有着较强的竞争力。但对于频繁变动的环境，藻类有着细胞级更高的机动性和适应性。因此，当各条件不均衡、不稳定的条件下，过强、时间过长的光照，意味着能量的"富余"，自然比较容易引发暴藻。在高强度的光照条件下更需要注意CO_2、均衡营养等方面的配合。

2. 常见光源介绍

⑴ 荧光灯

荧光灯是我们生活中最常见的灯具之一。常见的有T8、T5、T5HO、T5HE 、PL型这几种灯管。原理几乎相同，传统型荧光

灯即低压汞灯，是利用低气压的汞蒸气在通电后释放紫外线，从而使荧光粉发出可见光的原理发光，因此它属于低气压弧光放电光源。荧光灯所发出的光线是由红、绿、蓝三色光混合而成的，也就是我们通常所说的三基色。刚好，有植物所需的红、蓝波段的色光。故经常用来培育水草和植物。

灯管成长条状，光线较为均匀。属于面光源。T8、T5、T5HE 、T5HO这些灯管中的数字表示灯管的粗细。T5管径为16毫米，T8管径为25.4毫米。T5HE为节能型T5灯管，T5HO为高输出型T5灯管。

另外需要留意的是灯管上的标号，比如840、865、965等。这几个数字是用来表示灯管的显色性与色温。第一位字母用来表示显色性，光源对物体颜色呈现的程度称为显色性，数值越高表示显色性越好。显色性也就是颜色的逼真程度，显色性高的光源对颜色的再现较好，我们所看到的颜色也就较接近自然原色；显色性低的光源对颜色的再现较差，我们所看到的颜色偏差也较大。也就是说显色性高的灯管所呈现的水草的色泽更自然真实。后两位数字则表示灯管的色温。关于色温的概念上文有所提及。840表示显色性为8，色温为4000K的灯管。865为显色性8色温6500K色温灯管，965为显色性9色温为6500K色温灯管。一般认为，标准白色光色温为6500K，或者我们可以认为6500K白光是最真实自然的，K数越小越红、越暖；K数越大越蓝、越冷。我们可以根据不同的要求来选择搭配不同的荧光灯管。

由于荧光灯具一般是平板型灯具，光照比较均匀，没有明显的明区暗区，在造景方面比较自由，不用过于考虑水草种植位置与灯具的关系。视觉效果也非常自然，高度还原。

⑵ 金卤灯

金卤灯是使用交流电源工作的，在汞和稀有金属的卤化物混合蒸汽中产生电弧放电发光的放电灯，金属卤化物是在高压汞灯基础上添加各种金属卤化物制成的第三代光源。照明采用钪钠型金属卤化物灯，该灯具有发光效率高、显色性能好、寿命长等特点，是一种接近日光色的节能新光源。金卤灯为点光源，因此局部单位面积的发热和热效应相当明显。金卤灯发出的光也是全光谱，因此也十分适合用来培育水草。

由于是点光源，因此金卤灯的灯胆会有较明显的局部亮度差异。在灯胆正下方，光线集中，因此获得较高的穿透性。正因为这个原因，往往水位较深的缸体往往会选择金卤灯作为照明光源。同时也由于点光源的缘故，照度会随着位置不同而变化。远离灯胆正下方的位置光照较弱。因此，在布景和水草品种选择方面需要注意。点光源光线有明显的强弱变化，因此也产生了面光源所没有的漂亮的水影效果。布景时同时还要注意金卤灯与水面的高度，避免光照过于集中。

⑶ LED灯

水族LED灯是近几年开始流行的新型灯具。LED为点光源，其优势是亮度高，体积小。因此，LED灯具往往比传统灯具显得更轻薄，科技感十足。随着LED技术的不断发展，LED照明可能会是水草灯具未来的一个主要方向。但对于现有的LED灯具来说，还有一些问题没有解决。比如成本较高，导致零售价格偏高。另外某些产品的光谱不是十分适合水草的生长，虽然肉眼可视亮度不错，但水草对光线的利用效果不佳，等等。

（五）二氧化碳系统

　　CO_2在水草养殖与水草造景中的引进，是一次革命。CO_2的应用极大地丰富了在水族箱中可以培育的水草的品种。对于植物来说，水环境是一个CO_2相对匮乏的环境。除了少数已经演化成更适合沉水生态的水草外，大多数的水草更倾向于短期沉水生活，更倾向于选择挺水的方式来进行生长发育。同时在体积有限的、并且生态系统结构层简单的水族箱内，水草无法

CO₂ 供应 pH 变化值

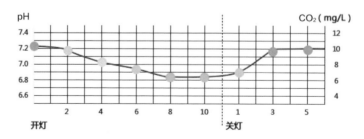

获得足量的CO_2，因此能够长期培育的水草品种就非常有限。随着CO_2的使用，极大地丰富了可以种植水草的品种数量，而为水草造景做好了前提和基础。因此，CO_2就是那把开启水草造景大门的钥匙！

1. CO₂ 在光合作用中的重要作用

光合作用，即光能合成作用，是植物、藻类和某些细菌，在可见光的照射下，经过光反应和碳反应，利用光合色素，将二氧化碳（或硫化氢）和水转化

为有机物，并释放出氧气（或氢气）的生化过程。同时也有将光能转变为有机物中化学能的能量转化过程。而对于植物而言，CO_2是合成有机物的物质基础。光能通过光合作用被储存在有机物中，形成生物圈内的能量循环。

2. CO_2 的添加方式及器材

对于水草来说，最有效的吸收形式是分子态的CO_2。因此我们最常见的方案是通过细化器，让CO_2溶解在水中并被植物吸收。整体上来说，CO_2的添加形式为两种：一种为直接添加CO_2，通过气瓶、发生器等。另一种是通过有机碳的形式添加在水中。我们来看看这两种方式都是如何实现的。

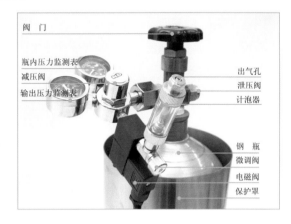

最常见的配套方案是由气瓶+减压调节阀+计泡器+止逆阀+溶解设备组成的。

气瓶

常见的气瓶多是钢或铝的材质。从瓶体强度来说，正规厂家生产的瓶体，不论是钢瓶还是铝瓶都可以很好地保证安全性。但需要留意的是不要选择没有正规检测报告的，经过改造喷漆处理的非正规厂家的产品。这些产品还是有一定安全隐患的。需要定期检查瓶体的安全泄压阀，以保证在瓶体压强过高的时候可以及时泄压避免瓶体破裂。除了注意上述几个问题后，我们可以根据个人的喜好和经济能力来选择适合自己的产品了。钢瓶的价格相对平实一些，性价比较高。铝瓶的外观更漂亮，同时瓶体较轻，不过价格较高。

另外还有一次性的小型储气瓶。从原理上来说跟大的瓶体没有任何区别。将CO_2气体储存在小瓶体内，但用光后无法二次充气，仅适用于小型缸体使用。

减压调节阀

减压调节阀是通过螺纹固定在瓶体上的。其作用是将瓶体内的高压通过阀体进行减压，并通过旋钮的调节，以一定的量输出通入水族箱中。尽量选择有减压功能的调节阀，没有经过减压的高压CO_2在流量上不是十分稳定，同时不容易调节。另外，在安装时需要检测是否严格气密，否则会导致漏气，使瓶内的气体快速消耗殆尽。

计泡器

我们通过计泡器来了解CO_2气体的流量。根据实际水族箱的情况来，调节减压阀来实现对气流的控制，并在平时的维护过程中了解气体输出是否稳定。

止逆阀

止逆阀实际上是一个单向阀。用来防止水族箱内的水倒流回阀门和瓶体。由于CO_2有较大的溶解度，当停止通气，CO_2溶解后，往往在风管中形成负压，使水倒流回阀门和瓶体。同时CO_2是酸性气体，和倒流的水混合在一起极容易腐蚀阀门和瓶体。因此止逆阀还是十分重要的。

溶解器

常见的溶解器有细化器和扩散桶。

细化器迫使CO_2气体通过多孔的玻璃或陶瓷片，使大颗的气泡细化成非常细小细腻的微小气泡，并随水流被带到水族箱各个位置，方便水草的吸收。一般来讲，陶瓷片的细化效果更好一些，但同时需要更高的压力驱动。玻璃片由于材质的均一性问题，气泡细化的效果不如陶瓷片理想，但是驱动压强较低。

扩散桶往往应用于大型水族箱的CO_2扩散。由于大型水族箱的体积庞大，细化器所产生的微小气泡无法随水流很均匀地扩散在所有的角落，因此会考虑使用扩散桶。扩散桶的原理是通过水流冲击，在扩散桶内部强迫CO_2溶解在水中，并随水流进入水族箱中。因此，在扩散桶中，CO_2的存在形式是分子态与离子态相结合，溶解效率非常高。使用扩散桶需要注意CO_2的添加量，避免添加量过高导致鱼只缺氧。

电磁阀

电磁阀是实用的辅助设备。通过与定时器的连接，就可以控制CO_2的定时添加了。一方面可以防止生物在晚间关灯后的缺氧，另一方面可以节省气体。

其他的CO_2解决方案

市面上还有一些其他的CO_2解决方案。比如二氧化碳电子发生器、二氧化碳锭、有机二氧化碳添加剂等。整体来说，这些方案的效果都不如瓶体添加的效果好。而上述几种方案中，有机碳是最近几年比较实用些的CO_2解决方案，但是也有一定的局限性，对于小型水族箱还是比较适用的，中、大型水族箱不是十分适合。

（六）过滤

1. 过滤的作用

　　过滤系统是水族箱中不可或缺的重要组成部分。过滤器是整个过滤系统的核心设备，它的主要作用体现在物理阻截和生化过滤两个方面。

⑴ 物理过滤

　　物理过滤比较容易理解。滤桶将固体颗粒阻截在过滤

器之内，使水净化后流出，以达到清洁鱼缸水体的作用。那么，是否存在水流死角及短路就显得十分重要了。水流只有均匀地经过滤材，才能最大限度地得到净化。同时，如果水流短路，鱼缸里的水可能没有得到净化就重新回到鱼缸里，那么就根本没有起到过滤的作用。

滤材方面有较好阻截效率的当属过滤棉。而陶瓷球、陶瓷环、生化球等由于结构问题，没有太好的阻截效果。那么剩下的就只有生化棉跟细棉了。生化棉的孔径比较大，主要用于阻截体积较大的污物及培养生化菌类。细棉的结构纤维比较细密，主要作用是阻截污物。

⑵ 生化过滤

生化过滤主要指的是化学性的过滤。是通过过滤中细菌的作用，将水族生物代谢的有毒物质逐渐降解的过程。其中最重要的就是氨氮的降解过程。蛋白质腐败后会产生毒性很强的氨，但是良好的生化过滤会利用其中活的硝化细菌，使有毒的氨逐渐转化成毒性相对轻微的亚硝酸，并进一步转化成无毒的硝酸，达到解毒的作用。这里就不得不提到对生化过滤起到至关重要作用的硝化细菌了。

硝化细菌（Nitrifying bacteria,or Nitrifier）在自然界氮元素循环中扮演着重要的角色。它们可以通过硝化作用把氨氮转化为亚硝酸盐，并进一步将亚硝酸盐转化成硝酸盐。硝化细菌被认为可以把CO_2作为唯一碳源而生产有机物和细胞结构。一

般认为从氨氮到硝酸盐这个过程不是一步完成的，是两类细菌连续作用的结果。一类是氨氧化细菌（亚硝酸细菌），将氨氮转化为亚硝酸盐；另一类是亚硝酸细菌（硝酸细菌），将亚硝酸盐转化为硝酸盐。

因此，我们可以从硝化细菌上述的特征得到以下结论：给硝化细菌准备的营养组成十分简单，不需要独立添加碳源。另外，硝化细菌极有可能有"洁癖"，不适合生活在有机物丰富的环境，生化滤材前的物理性过滤十分必要。硝化细菌生长缓慢，因此一般所说的开缸21天微生态系统初步建立应该是有道理的。想加速消化系统的成熟，基本上有两种手段，一是提供给硝化细菌更多的食物，例如腐肉开缸法（已经淘汰，不鼓励使用，副作用较大，而且在异养菌方面较难控制）；二是增加硝化细菌的基础数量，如加入硝化细菌类产品、旧滤棉等。硝化细菌在中性、弱酸性、弱碱性水质条件下都可生活。需要有充足氧气，合适的温度。另外，硝化细菌是比较敏感的细菌类群，pH变化，溶氧变化都可能引起硝化系统的敏感反应。因此，在换水后，日常维护过程中，适当补充硝化细菌是有帮助的。

2. 常见滤材

过滤棉

过滤棉是最常用的滤材之一。根据孔径和纤维的密度不同有着不同的作用。纤维较软、密度较大的滤棉常被放在滤材的最上面一层，用来阻截污物。空隙较大、纤维较硬并呈蜂窝状的被称为生化棉。有一定的物理阻截作用。更重要的是用来作为硝化细菌的载体使用。

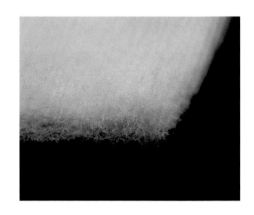

烧结滤材

烧结滤材主要包括：玻璃环、玻璃球、陶瓷环、陶瓷球、石英球、细菌屋等，是最经济高效的滤材。一般由滑石粉烧制而成，多孔，表面积大，适合大量硝化菌居住，是养鱼不可缺少的滤材。因是做养菌之用，所以不需要经常更

换，基本上放下去就不需要理会了，如果时间太长孔隙堵塞厉害，可用清水清洗之后继续使用，当然条件允许的话也可以半年一换，每次换总量的1/2，留一半老环加一半新环即可。切记，新买回来的环一定要用清水洗净。

过滤石英陶瓷环产品适合运用于水族馆、淡水鱼缸、海水鱼缸、鱼池中，水产养殖、自来水等行业也很适用，特别是水族馆的生化过滤系统，配合活性炭、生化球使用效果更佳。

生化球

生化球是观赏鱼生化滤材的一种，多用于大型滴流过滤，常见用于下缸过滤的主缸溢流区起保温、消音、增氧作用。一般采用塑料制成，多数为球形、方形、或不规则形状，很多突起，黑色。生化球也是一种使用比较广的生化滤材，但使用的范围有限，其特殊的结构决定在很多过滤方式当中并不适用，不能发挥很高的效率。在外置，内置，上部过滤器当中就不适合使用，使用了会使生化效果大打折扣，一般最适用的是滴流过滤器，使用的时候尽量不要把生化球全部泡在水中，而是让水流从上面冲过，这样带来更多的氧气，寄生更多的硝化细菌，从而能够达到更好的生化效果，不过要有一定数量的生化球才行。

生化球的选购，一般注意材质和做工等方面，现在又新推出了内部带有生化棉的，这样可以寄生更多的硝化细菌，进一步提高了生化球的生化能力。

生化球的养护和清洗基本和玻璃环相同，对于内部带生化棉的，可以定期更换内部生化棉，而不用整个生化球更换。

3. 常见过滤形式

⑴ 瀑布过滤器

小型外置过滤器。一般挂在鱼缸后面，体积小巧，不占用鱼缸内的空间。但由于其滤材放置空间有限，一般只用来作为处理量不大的小型水族箱的过滤设备。

⑵ 内置过滤器

沉放在水族箱内的过滤器。一般结构比较简单，体积不能过大，否则会影响水族箱内部空间。由于会占用缸内的空间，一般很少用作水草水族箱的过滤器。

⑶ 上置过滤器

通过沉水水泵将水提升至鱼缸顶部的过滤盒中，水流在重力的作用下逐层通过滤材，最终回流至水族箱中。由于过滤盒可以根据实际情况进行组合增加，因此可以获得较大的滤材空间。大型的上置过滤器过滤效果非常好。但由于水流会有曝气的情况，会导致CO_2的逸散，同时过滤器上置会占用鱼缸上方空间，因此很少用于水草水族箱。

⑷ 底部过滤器

在鱼缸底部，陈设体积较大的底滤缸。由于滤材空间较大，过滤效果优异，经常被用于大型观赏鱼及海水观赏鱼等需要强大过滤功能的水族箱。但也会有水流跌落过程中的曝气过程，容易造成CO_2逸散。但是，对于一些超大型的水族箱来说，为了达到长期的方便维护保养效果，往往也会应用这种方式的过滤器。但是在CO_2的添加方面需要考虑加大气量以补充逸散掉的气体。

⑸ 缸外过滤桶

缸外过滤桶是最常使用的水草水族箱的过滤设备。水体通过完全密封的管道及桶身，经过净化后流回水族箱。缸外过滤桶有着较大的滤材空间，过滤效果较为理想，不会造成CO_2的逸散，因此最常使用在水草水族箱中。

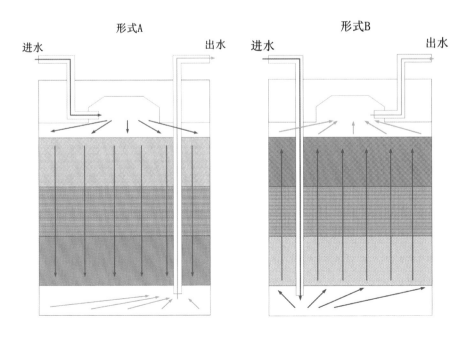

⑹ 气动式过滤器

通过气泵设备中输入空气，在空气上升的过程中，带引水流，从而让水流经滤材达到过滤的效果。但由于流量有限，同时会有曝气，往往使用与小型的单纯的鱼只及活体饲养的水族箱中。生化效果明显。

4. 适合水草的过滤

一般的小型水草水族箱，由于体积有限，同时一般的小型水族箱对生化的处理量并不高，所以使用较多的是体积较小的瀑布过滤器。

中大型水草水族箱多数情况下会使用缸外过滤桶作为过滤设备。过滤效果良好，同时保养周期较长，不会导致CO_2逸散。可根据实际的水族箱大小来选择一台或多台过滤桶来进行过滤。过滤桶也可以考虑串联或者多台同时使用的。

超大型水草水族箱往往需要考虑滤材体积、水流等因素，一般的过滤桶无法完成工作的情况下会使用底部过滤器。底部过滤器有着非常大的滤材空间，同时强劲的水泵也会让水族箱内的水体进行高效地更新流转。但是需要注意的是需要额外增大CO_2的释放量，因为底部过滤器会引起曝气，从而降低水体中CO_2的溶解量。

过滤器的摆放安置

过滤的一方面起到清洁水质的作用，另一方面也起到造流的作用，使水族箱内的水流动起来，带走局部浓度过高的废物。同时为鱼只和植物带来氧气，也使CO_2可以快速扩散至水草位置。

小型水族箱的过滤器安置比较简单，一般从美观角度来考虑，往往将过滤器安放在鱼缸的背后。大中型水族箱往往会选择使用过滤桶，不光要考虑美观，同时也要注意水流及方向。比较理想的摆放方式是经过净化的水从出水口流出，经过鱼缸的缸壁流回至入水口，不断循环，以保证水体能得到有效的净化。尽量不要使出水方向指向进水口方向，防止水流"短路"。

过滤相关设备

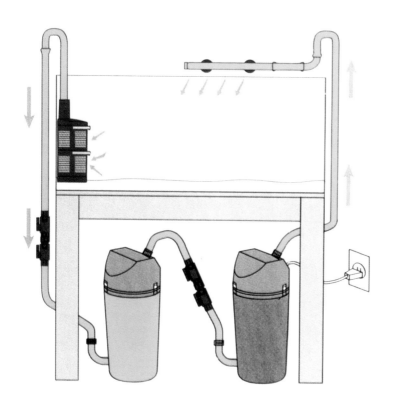

（七） 稳定的水质

对于大多数水生生物来说。稳定的水质条件是必不可少的。频繁剧烈的水质变化会导致生物的不适甚至死亡。从另外一个角度来看，稳定的水质更有利于水草在与藻类的博弈中获胜。下面我们来看看有关水族箱的一些重要的指标。

1. pH

pH指氢离子浓度指数。氢离子浓度指数（pH）一般在0~14之间，在常温下（25℃时），当它为7时溶液呈中性，小于7时呈酸性，值越小，酸性越强；大于7时呈碱性，值越大，碱性越强。

对于大多数水草来说，原产地都为热带地区，往往湿润多雨。水中矿物质含量较低，当CO_2溶解在水中，同时富含腐植酸的情况下，水体呈现弱酸性。也就是说大多数水草更适应在弱酸性的水质条件下生长。过酸过碱都不利于水草的生长。水草水族箱的pH维持在6~7比较理想。

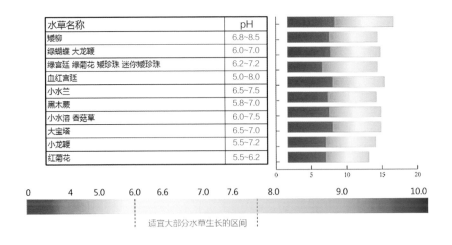

水草名称	pH
矮柳	6.8~8.5
绿蝴蝶 大龙鞭	6.0~7.0
绿宫廷 绿菊花 矮珍珠 迷你矮珍珠	6.2~7.2
血红宫廷	5.0~8.0
小水兰	6.5~7.5
黑木蕨	5.8~7.0
小水溶 香菇草	6.0~7.5
大宝塔	6.5~7.0
小龙鞭	5.5~7.2
红菊花	5.5~6.2

适宜大部分水草生长的区间

2. KH

KH硬度是碳酸氢根（HCO_3-）浓度的度标，因为碳酸氢根是水质中最主要的缓冲物质，它可以中和水质中任何增加或减少的游离CO_2，亦能抑制氢离子的波动，以维持恒定的pH，因此KH的控制被视为水质管理不可缺的手段。如果KH过低，表示水中天然的缓冲系统已经失去平衡，水质将趋酸性化，很容易受到中酸性物质的影响，使pH急剧降低。反之如果KH过高，水质将趋碱性化，很容易受到碱性物质的影响，使pH急剧升高。这些现象势必对水族生物生长产生不良反应。KH硬度完全针对水质中的阴离子（HCO_3-）含量的表示法，这种表示法是以100毫升水中含有1毫克的HCO_3-称为1度，并标记为1度KH。一般水草缸最好维持的KH在4~10之间比较合适。

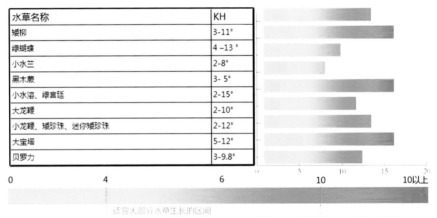

水草名称	KH
矮柳	3-11°
绿蝴蝶	4–13°
小水兰	2-8°
黑木蕨	3-5°
小水溶、绿宫廷	2-15°
大龙鞭	2-10°
小龙鞭、矮珍珠、迷你矮珍珠	2-12°
大宝塔	5-12°
贝罗力	3-9.8°

适宜大部分水草生长的区间

*对于不使用水草的草缸，建议KH范围为4~10度。使用水草泥的草缸中已经没有必要检测KH了，即使检测，KH也绝对不会超标的。

3. GH

GH是指德国硬度，通常是指溶于水中的钙、镁等化合物的含量，硬度有多种表示法，水族界多使用德国硬度也就是以氧化钙的量来表示溶于定量水中所有可溶性钙和镁。

德国硬度是以氧化钙(CaO)来计算，与"碳酸盐硬度"无关，100毫升水含有氧化钙当量为1毫克，记1度GH 或1DH（水的总硬度单位），而不称为碳酸盐硬度或氧化钙硬度，德国硬度是以氧化钙来计算的8度GH以下为软水。

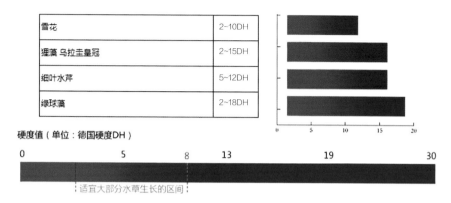

雪花	2~10DH
狸藻 乌拉圭皇冠	2~15DH
细叶水芹	5~12DH
绿球藻	2~18DH

硬度值（单位：德国硬度DH）

0　　　　　5　　　　　8　　13　　　　　19　　　　　30

适宜大部分水草生长的区间

*水草缸里的硬度在8DH左右适合水草的生长。

GH主要针对自来水进行监测才有意义，因为自来水中的GH几乎全由钙、镁离子来体现(尤其是钙离子)。一般水草最适水源的硬度范围约在5~12度DH，相当于软水至适度硬水之间的水质。使用GH偏高的自来水来栽培水草，钙离子浓度也偏高，可用RO水稀释调整。反之，GH偏低，可能产生钙肥不足的症状，可追加钙肥补充。

4. TDS

TDS是缩写，总的应该是溶解性总固体，是溶解在水里的无机盐和有机物的总称。其主要成分有钙、镁、钠、钾离子和碳酸离子、碳酸氢离子、氯离子、硫酸离子和硝酸离子。

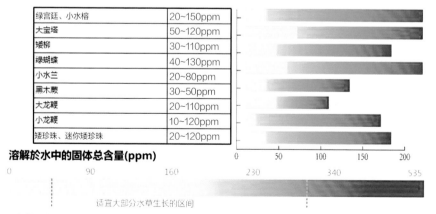

绿宫廷、小水榕	20~150ppm
大宝塔	50~120ppm
矮柳	30~110ppm
绿蝴蝶	40~130ppm
小水兰	20~80ppm
黑木蕨	30~50ppm
大龙鞭	20~110ppm
小龙鞭	10~120ppm
矮珍珠、迷你矮珍珠	20~120ppm

溶解於水中的固体总含量(ppm)

0　　　　90　　　　160　　　　230　　　340　　　　535

适宜大部分水草生长的区间

*水草缸里的TDS一般认为在500PPM以下的好。高于500PPM一般会造成水草的生理脱水，水草容易溶叶，萎缩，光合作用受影响等。并且超过500ppm的数值是暴藻的警戒值。低于20ppm水草则会表现营养不良的现象。

TDS一定程度上可以反应水体的硬度，但又不是完全对应的。对新水、自来水来说，TDS值比较能代表水质的硬度。但对于长期没有换水的鱼缸来说，水中积累的物质越来越多，自然TDS会较高，但并不代表硬度也比较高。因此对于新水来说，TDS有一定的借鉴意义。

5. NH₃/NH₄

NH_3/NH_4是氨氮值，也就是我们常说的阿摩尼亚。氨(NH_3)与铵(NH_4^+)之和，称为总氨量，NH_3值由它在总氨量中的比率来决定。在pH<7时，氨的比率=0，所以 不具危险性。当pH>7时，随pH升高，其比率越来越高，对鱼的毒性反应也越来越强，因此要解决NH_3的毒害问题，最快的方法是降低pH。另外，亦可换水稀释其浓度，或由健全的硝化系统来消除。

6. NO₂

NO_2——亚硝酸是氨经过亚硝酸细菌转化而得到的产品。毒性比氨要小一些，但是仍然会对生物产生危害。通过测试剂可以测得水中的亚硝酸的浓度。亚硝酸浓度保持在0.1毫克/升时，被认为是安全的。

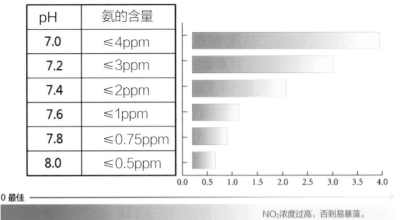

pH	氨的含量
7.0	≤4ppm
7.2	≤3ppm
7.4	≤2ppm
7.6	≤1ppm
7.8	≤0.75ppm
8.0	≤0.5ppm

0 最佳

NO_2浓度过高，否则易暴藻。

*硝化系统稳定的指标，数值为0，为正常指标。通过增加过滤器材的数量可以降低NO_2的数值。pH和NO_2的关系是相辅相成的，NO_2越高水质越酸。NO_2易溶于水。

7. NO₃

NO₃（硝酸）是硝化细菌转化氨最后的产物。毒性作用最小。在成熟的过滤系统中，硝酸是会长期积累的。也就导致了一个现象——酸跌。当硝酸积累到一定程度后，水体pH可能会突然降低，从而对饲养活体带来危害。规律的周期换水可以避免这一情况。另一方面，过度积累的硝酸也可能是暴藻的一个诱因。

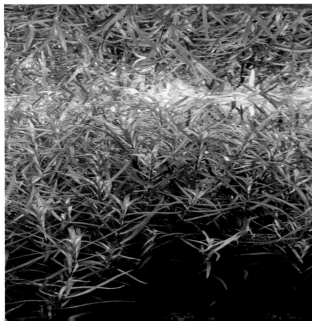

8. 其他影响水质因素

密植的水草

在水草造景的前期，为了尽可能地避免暴藻，我们可以采取密植水草的方式。尤其使用水草泥的水族箱，水草泥在开缸的前期会释放较多的营养物质。同时，水草的生长还没有进入最旺盛的状态，就会非常容易引起暴藻。

那么密植的水草在前期可以大量地吸收水草泥所释放的营养物质，与藻类争夺资源，降低暴藻的可能性。同时，密植水草也可以大大缩短成景所需的时间。

水流

水流可能是最容易被忽略的一个问题。水族箱内的物质能量循环与交换都是通过水流来实现的。因此，水流的重要性不言而喻。对于水流主要有两方面的问题需要留意，一个是流量，一个是流向与循环。水流往往是由过滤器来产生的，那么流量往往直接对应着循环量。如果流量与循环量过低，就意味着水体的净化不到位，可能会导致氨氮无法得到降解，缺氧等问题、水体发臭异味等问题。流向与循环则是指在流量循环量足够的情况下，水流循环是否完整，

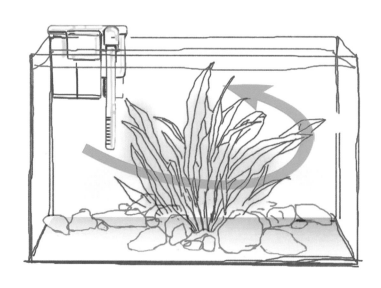

是否留有死角。在大型缸体中可能会出现局部水流不畅，总体循环量够了，但是由于缸体过大，局部得不到循环而导致水体腐败、暴藻等情况。下面我们结合不同尺寸的造景缸来看如何注意水流方面的问题。

小型水族箱：由于水体较小，因此比较容易满足循环量方面的要求，同时水流也相对更容易循环至缸体的各个位置不太容易出现死角。需要留意的，尽量不要让水流过于湍急，比较容易将泥土与水草冲起来。

大中型水族箱：需要注意选择与水族箱容积相匹配的过滤器。一般来说，需保证有每小时有3倍水体的循环量。比如水体为300升，那么我们至少需要选择900升/小时以上的过滤器。同时我们需要留意水流是否能够留到最远的角落，是否能形成完整的循环流入进水口。同时需要留意CO_2细化器的摆放位置，气泡能否随水流循环的比较彻底。

超大型水族箱：超大型水族箱由于体积庞大，同时缸体本身会比较高，因此需要更高的循环量。同时由于长度较长，因此水流很难吹到较远的角落。同时由于循环量的缘故，可能会考虑使用多台缸外过滤桶，则需要考虑如何分布，使水流更通畅循环更彻底。如果是单一出水口的情况，则可以选择使用造浪器来进行增流，使循环更通畅彻底。

9. 变因的监测

水族箱系统是一个半封闭系统。在无人维护的情况下，只有能量及物质的输出。并且随着时间的变化，水草的生长，水族箱中环境与水质、微生物、底床等也会相应的发生变化，我们需要根据不同的时期来确定一定的维护方式。

前期

中期

后期

前期：开缸前期硝化系统还没有成熟，因此我们需要对氨氮、NO_2、NO_3来进行检测，同时水草泥肥性释放比较强烈，水草泥对于水质的调整也没有完全稳定。对自来水的GH、KH、pH等最好都有所测试，直到水质整体数据趋于稳定。

中期：当水族箱进入中期后，硝化系统、水草、微生物系统等都逐渐进入稳定状态。因此，我们平时需要做的大多只是规律地换水和相应地维护。需要注意CO_2的输出是否稳定，水草对CO_2的吸收也会逐渐增多，需留意pH的稳定。最好隔段时间测试下氨氮、NO_2、NO_3，来了解硝化系统是否稳定，是否需要清洗过滤桶。

后期：后期可能会出现的问题就是底床和部分植物的老化。需要各位留意水中的氨氮、NO_2、NO_3，适当地调整水草品种、清洗滤桶、更换滤材等，以保证水质的整体稳定。这个时期需要额外补充液肥和根肥。同时可以使用一些微生物制剂来改良底床的状况。

四

理论知识概述

水草造景

如何设计一个美丽的水草造景作品，不是简单地按照自己喜好去制作就可以了，它要遵循美学的构图理论，注意焦点、透视、留白，等等，它并不仅仅是一个鱼缸，我们可以把它看作一门特殊的艺术，一项把大自然带回家的艺术。水草造景艺术涵盖方方面面的理论，美学理论，可能对于很多刚刚接触水草造景的朋友来说是有些困难的，以下章节我将向大家讲解水草造景的美学理论基础，以方便大家更容易地掌握水草造景的一些基础知识。

（一）水草缸硬景观的重要性

　　水草缸硬景观对于水草造景来说是非常重要的，我们俗称为水草缸的"骨架"。硬景观一词是由著名的景观设计师英国人M.盖奇（Michael Gage）和M.凡登堡（Maritz Vandenberg）在其所著《城市硬质景观设计》中首次提出，并被广泛地运用在城市设计和规划中，其本意是相对于以植物为主体景观而言的。我们将这个概念借鉴来，并运用到水草造景设计当中。在水草造景设计中，硬景观是指除水草和水草必须材料和器械外的一切用于水草造景设计服务的景观。这需要我们借助一些非生命体的自然素材和人工素材来进行构建。

　　水草造景硬景观对于一个优秀的水草造景作品起着决定性的作用，虽然对于水草造景来说水草的因素占主导地位，但是近年来的一些国内外各项赛事的作品都非常注重硬景观的布局以及用硬景观表达作品的主题。我们一般在用素材塑造硬景观时就要确立景观的中心思想，按照美学构图的理论来摆放，骨架要明确完整，焦点突出，视觉冲击力强。这样在种植水草的时候，就有了一个美丽的骨架，在这基础上添加水草的绿色，就很容易得到一个优秀的水草造景作品了！

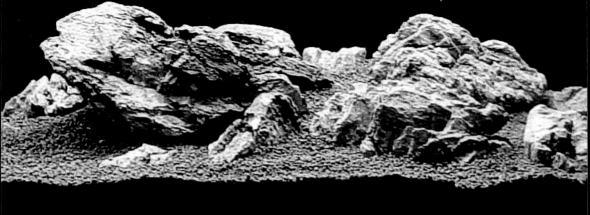

　　与城市设计中的硬景观作用不同，水草造景设计中，硬景观的主要作用为：支撑、保护和完善水草造景结构和提供水生物生存载体。

　　水草造景中选择哪一种结构，是根据设计师的设计目的所决定的，硬景观服务于设计师的这一设计目的，通过素材搭建起结构的骨架，来支撑起整个水草造景的结构。而且在一定程度上清晰并明确了结构，让表达目的更加鲜明。相对于水草来说，硬景观在明确设计结构的同时，还保护了结构的稳定。

　　搭建硬景观使用的素材，在水族箱中也成为了水草生长的载体和水生物的栖息地，同时也为水体中不可见的微生物、细菌等提供了繁衍的空间。

1. 素描本的价值

在水草造景设计阶段，还有一样东西功不可没，这就是素描本。素描本原是为绘画者服务的，用来进行速写创作和练习的本子。我们将它运用到水景设计阶段时，它兼顾了创作功能的同时，更多地成为我们将水景作品设计灵感记录和制作后的效果预览的重要工具。

水草造景艺术跟其他艺术形式一样需要灵感的滋养，然而大自然恩赐给每一位创作者的灵感，稍纵即逝，我们需要借助一些工具将这些灵感记录下来，记录灵感的这个过程，也是灵感向设计思路蜕变的一个必要过程。而且将设计构思跃然纸上是对设计思路的一种自我完善，去其糟粕取其精华，是设计思路强化的过程。

借助于素描本，可以呈现预览效果图，优化水景结构，强调表现效果，扩展设计，对水草搭配进行模拟等，这些设计细节都可以在这个阶段进行大胆尝试。反复地尝试是对设计进行调整的过程，之后你会发现，当初这个简单的记录，已经成为你水景作品制作的一个图纸，而且整个设计思路已经深深烙印下来。

很多朋友不愿意使用素描本的原因是因为我们始终无法从素描本是画家才使用的这一观点中解放出来。我们不需要将水景灵感绘制得多么写实逼真，也不需要使用绘画的色彩原则对这个简单的记录进行雕琢修饰，素描本在水景设计阶段的功能作用，要比它呈现出的更为重要。

2. 硬景观的布局

　　天野尚先生告诉我们要利用自然当成我们水族造景的灵感，我们大多数人都很欣赏自然的美景，但又不局限于很典型的奇景，如超大的瀑布和高山，同时也欣赏小的事物。在大自然里常常可以看到高大的植物矗立在矮小的植物后方，并且营造出愉悦的阶层效果，而优势的植物群同样也能营造出聚焦点。所有的这些概念都可以套用在我们的自然水族缸造景上，并且获得很好的视觉效果，这种技术在日本称之为借景。

　　借景，把大自然中的景观通过造景素材排列组合，安排在自己水族箱里。在水草造景中运用多种手段来表现自然，以获得渐入佳境、小中见大、步移景异的理想境界，以取得自然、淡泊、恬静、含蓄的艺术效果。借景的内容有很多，比如我们在大自然中看到的高山地貌，河流小溪，树木丛林等，都可以拿来借鉴，可以宏观地做远景，也可以取其局部用夸张的手法表达自然界中的一点一滴。

　　其实水族箱造景和我们熟知的园林造景

有相似的地方，大家有一个共同点，都是借鉴大自然中的景观在自己有限的区域内进行还原与复制，按照一定比例来模仿自然界中的各种事物形态。但是水草造景相对于园林造景还要难上加难，毕竟水草造景的介质是水，而且还要受因于素材和水草的各自习性特点，按照一定的规律来借景，而园林造景要好很多，是通过人工手段，利用环境条件和构成园林的各种要素造成所需要的景观。

中国自南北朝以来，发展了自然山水园。园林造景，常以模山范水为基础，"得景随形""借景有因""有自然之理得自然之趣""虽由人作，宛自天开"。而我们现在所说的水草造景，同样是用我们在大自然中寻找的素材，比如沉木，石材，沙砾等来营造自然景观的方法，可能没有园林造景那样大的空间来充分发挥，但是也可以做出非常接近大自然，甚至超越大自然景观的景象，因为是在水下作业，有鱼只和水草的灵动感，所以可以做出比大自然中的景观更奇幻更玄妙的景色来。

说到借景，我们就用实例来说明一下吧：

下图这个作品是2010年的一个参赛作品，当时获得了世界水草造景大赛的优秀奖。在做这个景之前，我去了位于四川省的九寨沟风景区，那里的一草一木，一山一水让我深深爱上了那里。九寨的山与树，九寨的水与天让我获得了灵感！它们组合成了一幅巨大的画卷，让我沉迷。融在里边，让我忘记了疲倦，忘记了烦恼。我拍回了很多照片作参考，完成了这个作品，取名《清风细雨》，因为水族箱只有120厘米的宽度，所以就要以小见大，还原一个相对真实的溪流树林的场景。

在做这个作品前，我借鉴了大自然中溪流周围环绕的树与石，我发现石头被溪流常年冲刷外表已经很光滑圆润，所以我没有去用大家熟知的一些造景石，而是去湖边野采的鹅卵石，我在观察自然界中溪流边的树木时候，发现很多树木并不仅仅是直立的，还会向其他方向倾斜，甚至还会有些倒下了，所以我选择了一些有倾斜角度的沉木作为树木的枝干。为了做景深，我用了近大远小，近实远虚的透视理念，后景选择了细小的沉木和有茎草来达到虚实结合，增加景深的效果。另外这个景的一个视觉焦点在于两条溪流，通常我们看到一

些造景作品，往往都是有一条路作为留白或者表达作品的空间景深，我看到九寨沟的很多小溪是环绕在一些灌木丛中间的，不止一条而是有很多条小溪汇集在一起的。所以也是为了增加作品的趣味性，做了两条不同走向的溪流来让作品更有意思一些。有很多人问，为什么叫"清风细雨"这个名字，其实开始想了很多，后来在整理参赛照片时一眼被这群红鼻剪刀（鱼）所吸引，它们在景中穿梭，让人感觉已经起风了，就要下雨了，河流也开始湍急了，所以就给这个作品取了这个名字。

四 水草造景理论知识概述

《缘》是来自香港的许锦文先生在2008年的一个参赛作品，这个作品在当时获得了世界造景大赛的银奖（下图所示）。

　　记得当时第一眼看到这个作品的时候，不禁为之一惊，原来我们低下头看到的树根也可以做造景，而且被作者运用得栩栩如生。在狭小的水族箱内，可以做出这样有意境有创意的造景真的佩服作者的功力，当时在问自己，这个水景缸的深度是多少，能做出如此深远的景深，其实只有45厘米的常规尺寸。这个作品命名为《缘》，作者应该有他自己的想法，中国有句古语"有缘千里来相聚，无缘对面不相逢"，这句话就像真理一样世世代代被印证。作者运用了两棵树交织的盘根来作主题，让人感觉到了那种缠绵悱恻的意境，使作品更生动，更有内涵。

　　除了到山林间去找灵感来源，我们身边其实也有很好的素材等待你去发现。重要的是你要善于观察，善于发现身边的事物，身边的美景。这个作品的作者呈现了我们经常看到的景色，用艺术手法通过水草来刻画了这幅非常生动有趣的画面。使大家产生了共鸣，很有带入感，很有启发。

　　这个作品用了两组树根式的沉木，运用主次、明暗、远近的变化来增加景深，后景配比较纤细的莎草让画面更有韵律，更有动感，更有意境。树根在矮草中间时隐时现，穿插其中，这也给这个作品赋予了更多的生动与乐趣。

　　之前谈到了2010年的作品《清风细雨》是从九寨沟得到的灵感，那么现在介绍一下2013年的这个作品《天空》的创作缘由。这个作品的创作灵感是从生活中来，我相信大家看到这个作品时都会有一种似曾相识的感觉。当你抬头仰望天空的时候，不经意间这个景象就会出现在脑海里。在设计《天空》这个作品时，我没有去追求大山大河，没有追求原始森林，我觉得造景不用一味追求惊天动地，感动人的景色其实就在我们身边，我们只要注意观察，就有景可以去做。

其实我们自己就身处大自然里面，是大自然的一部分，要善于发现身边的景色，这个作品用了四块大型的沉木作为主结构，来表达仰视的树林效果，以第一人称"我"作为视觉起点，运用大量莫丝来表达虚化的树叶效果，希望我们大家可以走进大自然，亲近大自然，仰望天空，去感受一片蓝天带给我们的美好！

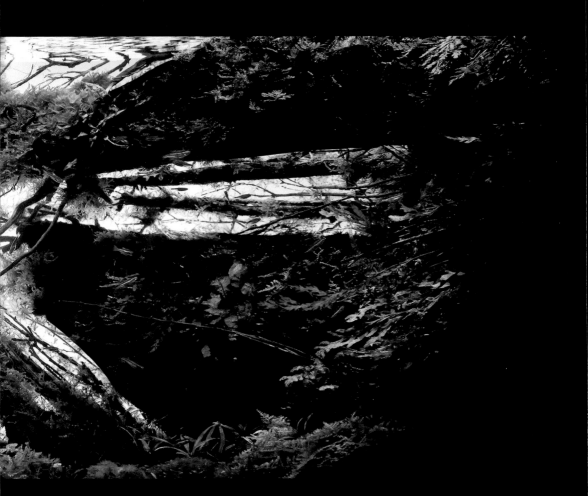

（二）构图

有三种基本的构图形状能够套用在自然水族缸中，分别是：

三角型、凸起型（也称为岛型或山丘型）以及凹陷型（也称为"U"字型）。这三种风格也可以在某个程度上彼此搭配，以营造出一个有吸引力的水族造景作品。

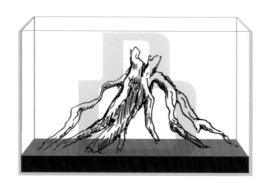

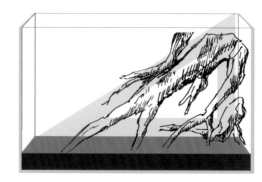

　　凹陷型布景就是"∪"字型水族造景。

　　这也是最容易营造和获得效果的。硬景观和水草种植在水族缸的两旁,以 2:1及3:1 或黄金比例的方式来设置开放空间,可以获得最佳的平衡感。较长条形的水族缸比较适合这种形式的水族造景,例如 120x45x45厘米或 180x60x60厘米。

　　凸起型是制造效果最富挑战的布景方式。水族造景是透过在水族缸中心放置沉木，岩石和高大水草行成对比的，但也不是在正中心，硬景观不要太多。高度较高的水族缸相当适合这种构图。

　　例如 60x30x45厘米或 90x45x60厘米这两种尺寸的水族缸。

三角型的使用是令水草、硬景观和底床产生对比的有效方式。当水族缸由正面观赏时，水草和硬景观由较高的一边逐渐降低至另外一边。在前景的底床必须较浅而后景较深。当水族缸由正面观赏时，深邃的幻觉便营造出来了。

1. 透视与焦点

透视是指平面或曲面上描绘物体的空间关系的方法或技术。

焦点透视法：西方绘画的透视法，其基本原理，将隔着一块玻璃板看到的物象，用笔将其画在这块玻璃板上，就得出一幅合乎焦点透视原理的绘画。其特征是符合人的视觉真实，讲究科学性。在艺术与科学相结合的思想指导下，运用焦点透视，掌握了表现空间的规律。达芬奇的《最后的晚餐》，即是焦点透视的典范之作，在平面上创造了三维空间。

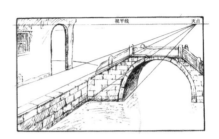

焦点透视法一般应用于在绘画，摄影，建筑学、室内设计、雕塑设计、装饰设计和工业设计以及其他相关领域里，可以让人更直观地感受到三维空间，培养透视感觉。

在中国绘画中，我们可以广泛地看到运用到了散点透视、平行透视等原理，而西方美学用的则是灭点透视，无论是什么透视，视点就一个，就从单方面考虑就行。

因为我们的水草造景缸是个三维立体的载体，所以焦点透视原理就非常重要，如果很准确地把这个原理运用到水族箱中，那么我们的

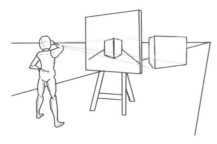

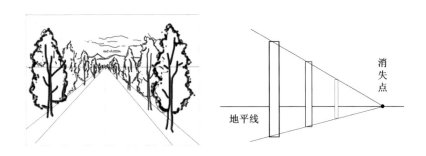

作品会更加真实，会使景深更深，意境更强。西方绘画传统构图，一般采用"焦点透视"的组织方法，它就像照相一样，是采用固定一个视点，将瞬间的情节表现出来。

比如身边有两个人，一个近一点，一个远一点，其实我们大脑里很清楚两个人的身高体重都差不多，但是要是表现在一个平面图中，就会看到，离自己近的这个人要大一些，离自己远的就要小一些。

我们说的焦点透视，掌握一个原则就是：近大远小，还包括近高远低，近疏远密，近宽远窄，近浓远淡。在水景作品中，我们如果运用好焦点透视原理，可以使我们的作品更加真实生动，空间感更强烈，意境更悠远，可以起到增加景深的作用。

"景深"一词借鉴了摄影艺术，在水草造景作品中是指在水族箱内，最大限度地表现水草造景的深远效果。水草造景的深远效果的充分表现，对水景作品的"势"和"意境"有着不可忽视的作用。无论作品想要表达何种艺术效果，都需要一定的空间来作为展现的载体。"景深"效果的表现在水草造景作品中遵循基本的透视法则"近大远小"，在硬景观搭建阶段既要注意艺术效果的营造，同时也要注意素材尺寸的选择，合理地分布在前景、中景和后景；在水草选择和种植阶段注意叶形和生长方式。

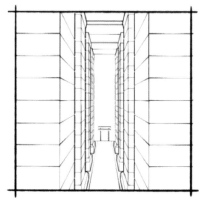

在这里，我们拿张剑峰的两个优秀作品作范例来说明，作者的这两个作品有共通之处，都运用了平行透视法，把消失点定在了黄金分割点上，以3:2的构图，通过焦点透视原理进行排列组合，使焦点更突出，主题更明确，景深更强烈，作者很好地用化妆沙分割左右两部分，又使作品有了空间感，也符合了透视原理，加之作者自己对水景的理解，创作出了两个非常精彩的水景设计作品。

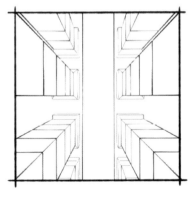

《天空》这个作品，也是利用了完全仰视效果，和平视不同，通过透视原理，来表现树木的高度，仰视视角是确定方向的第一步，这个是最明显的空间方向感。这个作品由于是在水族箱内完成，所以要想达到现实生活的空间感和视觉差，选择素材时要十分考究，素材都是选择了透视感较强的沉木，由粗到细，最终汇集到灭点，这个作品也是最直接表现透视原理的。

透视学是文艺复兴时代留给现代美学的宝贵遗产，这些遗产至今依然滋养者各类艺术工作者。伟大的意大利画家们，用符合视觉科学的手段，在平面上再现了物体的实际空间位置。我们将它利用在水族箱中，不是因为水族箱也是一个平面，是想让有限的水族箱可以表现出超越有限的空间感觉，下面我们看这个作品。

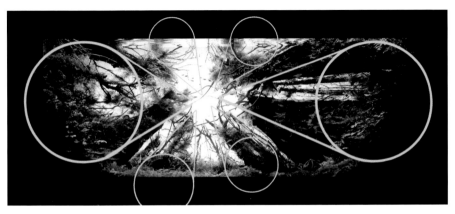

这幅水景作品，充分地利用透视学原理，将前中后景，按照近大远小的规律有序而又不失自然地摆放火山岩素材石，并且有意地增加了素材表面莫丝类水草所占据的相对比重。让中远景的边界变得模糊。这让整个景观显得深远宁静，又不会因为素材数量由前至后的逐渐增多而喧宾夺主。值得一提的是，景观的透视效果是依靠石质素材呈现的，在素材密集的区域，运用了颜色明亮的化妆沙，即突出的素材的轮廓，又营造了溪谷的氛围。

这个作品在水草的布局方面也运用了透视的手法，草种的选择，形态和颜色都十分考究，运用化妆沙做的溪流造型也让人有源远流长的感觉。在只有45厘米景深的鱼缸之中可以概括大自然的景观并体现其无限延伸的感觉，这就是透视的奥妙！

视觉焦点

有些水景设计作品为什么平淡无奇，为什么吸引不到别人的眼球？原因是没有视觉焦点。这里先来说说什么是焦点（也可以称兴趣中心或者视觉中心），我认为用"焦点"一词更能简单准确地阐述。有人用通俗的方法来诠释焦点：在设计的页面上最吸引人注意的地方，视线上集中交汇的地方，这个位置就叫焦点，在日常生活中我们运用照相机对准人的脸部，那也是在获取一个焦点。

这里的视觉中心的含义是指，在画面中，以构图、色彩等画面元素所表现出来的主要元素；

平面艺术（如绘画）中的主体，比如达·芬奇的《最后的晚餐》中的主体耶稣。画面中他的12个门徒都围绕着耶稣。达·芬奇不仅在绘画技艺上力求创新，在画面的布局上也别具新意。一直以来，画面布局都是耶稣弟子们坐成一排，耶稣独坐一端。达·芬奇却让十二门徒分坐于耶稣两边，耶稣孤寂地坐在中间，他的脸被身后明亮的窗户映照，显得庄严肃穆。背景强烈的对比让人们把所有的注意力全部集中于耶稣身上。这个作品就是把耶稣作为视觉焦点。

人们用视觉获取环境中的信息，周围都会是模糊的，只有你视线集中的中心点是最清晰的。

对于一个成功的水景设计作品来说，我认为如果焦点可以足够吸引人，很精彩地表达出了水景的中心思想，就会吸引人，就会让人们得到更明确的视觉中心。每个成功的水族造景作品都需要一个理想的聚焦点。一件沉木或岩石甚至一丛色彩漂亮的水草都可以充当焦点。聚焦点对整个水族缸而言是首要的装饰元素，引导视觉中心以赏心悦目的心态来观看整个水族造景作品。一般来，造景设计作品中应该只采用一个强力的聚焦点。

这个焦点的位置我们一般放在左面或者右面，而不是正中央，就像绘画一样，一般人们习惯的焦点位置都会在这张纸的中上方，这一位置通常是人在观赏作品最先注意到的一个地方。对于水草造景比赛而言，评委会从成百上千的作品中挑选好的作品，那么我们的作品需要在很短的时间内让评委看到自己的作品，所以我们的作品一定要有抓人的地方，那么一个突出的焦点就十分重要了。

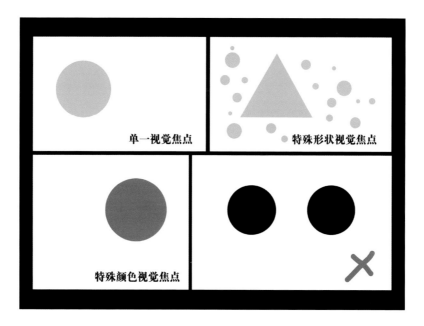

在我们的水景设计作品中，如何简单创造视觉焦点，更清晰地传达要表达的有效信息是需要重点考虑的，如果一个元素就已经能够触动人心，那么这个作品就是好作品。

　　这个作品主体鲜明，色彩对比强烈，视觉冲击力很强，其实都是源于有一个相对突出的焦点，很难想象这是一个36厘米的水族箱表现出来的水草景观。这个作品的焦点非常突出，右侧黄色的岩石在体积上，占据大部分的视觉面积，很容易被视线俘获；在位置上，处于画面的黄金分割点上，能够突出画面的美感；在纹理质感上，选择了质感粗糙且有较大自然纹理石材，在其他素材中脱颖而出，其本身的纹理特点以及山势的表现力都集于一身，是一个阐述主题焦点最好的说明案例。

　　作品在硬景观搭建的时候整体向右侧清晰，使焦点区域的重心感加强，而且预留了一定的留白区域为副景——溪流的表现提供了空间。整个画面一刚一柔，一静一动的，活灵活现。

这个作品对焦点的处理更加微妙，整幅作品的硬景观采用了沉木和石材的搭配使用，作者没有像其他作品一样采用石、木搭配的搭建形式，而是大胆地将两种不同的材质分开放置。遥相呼应的硬景观虽然体积上相差无几，但石质的素材形态和质地会强行地将视觉中心拉拢过来。

而且作者更标新立异地利用了明暗关系，利用光线将主石照亮，沉木则呈现背光的剪影效果，沉木的剪影效果会使得硬景观的轮廓和内容变得模糊，主石光源的直射下布光轮廓清晰，质地明确。通过明暗关系，强弱关系将焦点直接或间接地体现出来。作者以近林远山为主题，用树林的"暗"突出山体的"亮"从而更加深了视觉焦点的突出作用。

在上面的作品中，利用了水草的形态和颜色作为整个作品的焦点，一丛醒目的红色系水草和一丛非常茂盛的，状态非常好的水草都可以作为作品的视觉焦点。

2. 水草造景中的留白

国画中留白是一种构图艺术,那么我们的水草造景也可以借鉴这个方法,在作品中某些地方留出空白,不用填满整体构图,以此增加画面的透气感和意境,留出的空白不仅让画面显得大气,而且更让画面具有感染力和联想空间,延伸了画面本身的"画外之意"。

极简主义的"少既是多"会给大家带来最重要的内容,最大程度地减少不必要的元素。如果一个设计有太多的元素,观者就会失去对设计焦点的关注。在用很少的元素去设计一个作品时,感觉是困难的,就算完成了也会觉得这个画面看上去像没完成似的。如果焦点做得出色,就不会让人有未完成的感觉,反而会觉得画面的留白让人联想到很多内容,使画面更有意境。

水景设计是在有限的空间里用素材和水草表达自然生命力的传达与诉求,要精心塑造主体形象,才能突出一定的主题。运用留白可以将要表现的主体更加突出、更加明确,使人一看就能正确领会水景所要表达的重点。正如日本平面设计大师田中一光先生所说的:"海报正因为传达信息简单明了才能瞬间扣住人心、留下印象。"所以我们要运用虚实关系对造景设计中的元素反复处

理，用留白代替一些无关紧要的物象。由此可见，留白使设计由繁杂变得简洁。运用恰当就能烘托主题、强化重点，形成虚实对比。

在众多艺术品当中，为使整个作品更加富有内涵刻意留下相对应的空白空间，这类作品比比皆是。这些作品留给了我们无限的遐想空间。

以下图为例。我们仔细观察会发现这个作品中有三块留白区，这三块留白区域阐述了留白技法在水草造景艺术上的实际应用。

1号留白区域为边缘留白区域，这让水草景观的骨架结构突显，同时平添了整个水草景观诗的情画意，这个留白区域成为观赏鱼的主要活动

区域，形成一静一动的鲜明对比。值得注意的是，缸内的水草景观采用了大叶形的水中莲类水草，而且色彩选择比较醒目的，这会让硬景观显得很厚重，而且焦点不会被灵动的鱼儿所抢走。

2号留白区域为间歇留白区域，这会增加水草景观的层次和透视感。

3号留白区域为地表留白区域，这将放大整个水景作品的空间体积。地表部分的留白区域与边缘留白区域形成交集时，会在水族箱的缸壁上形成反射效果，就像上面图片的感觉一样，你不会相信这个水草造景作品深度只有36厘米。

我们再来看下面这幅作品，作者对留白技法的运用更加深奥，赋予了留白更重要的实用价值。首先整幅作品最突入的地方是区域1，这里的留白区域是整个作品的焦点，利用留白空间来强调作品结构焦点，同时留白区域的运用还强调作品阐述的意境氛围，从而又成为主题焦点，结构与主体的阐述都利用了留白区域

得以强调和突出。这样的突出焦点的留白，相比突出意境留白，对于景观的结构来说更有价值。

作品除了区域1外，作品顶部大量运用间歇留白技法，这样留白空间的反复出现，将整个作品上部空间提亮的同时，还可以让作品上半部分形成虚化效果，这种虚化反衬出了作品下半部分的基础的稳定性，使作品的根基更加扎实稳健。大量利用间歇留白技法还有一个好处是会更加突出硬景观骨架，形成虚实相接的效果，虚实效果在结构上会增加作品的纵深感，表达主题上会平添作品的意境氛围。

作者大量采用了留白技法，形成众多留白区域，但这些留白区域表现并不是简单的重复，作者对比设计了层次对比。比较区域2与区域3会发现，区域2在作品右半部分，也是作品的重心，留白区域的面积相比较区域3来说要少。从面积上形成了区域2、区域3、区域1的递进关系。区域1面积最大，且位置又处于焦点位置，而区域2留白面积最小，而区域3形成了区域1和区域2之间的一个过渡。从量级上形成的递进关系，会让整个画面自然感提升的前提下，又

不忘强调结构和主题。

以上我们讲了焦点与留白，这两个主题是共生的，是一个好作品非常重要的因素，缺一不可，是互补的，是需要和谐统一的要素，焦点越突出，越契合主题思想，越能有说服力，那么你就大胆地留白吧，完全让这个焦点"说话"，如果焦点不够突出，不够有冲击力，那么所谓的留白就很勉强，整体画面会很空洞乏味。如何让焦点突出，让留白更有想象力，让整体作品更有意境，掌握了焦点与留白，就会让一个作品变得更加富有内涵。

再看看下面这个作品。这个作品焦点与留白十分明确，我们观者第一眼就会被黄金分割点上的主石所吸引，石材质感强烈，体积非常大，明暗效果突出，在整体画面中占绝对的主导地位，作者很好地利用了这块主石的特点去表现这单一的视觉焦点，所以留白就变得很轻松，在区域1的留白空间非常大，几乎不会有其他硬景观存在，在左面区域2的留白相对较小，也是为了突出主石这个焦点，让这块石材"孤立"出来，形成一个明确的焦点，所以这个作品很好地诠释了焦点与留白的关系是密不可分的。

留白技法的展示，需要一定的空间提供平台，本来就显得拥挤的水族箱，还需要单独预留出这部分空间来表现。因此，我们要在设计阶段就进行充分的思考，设计方案。不必为失去的空间遗憾，要知道传达信息简单明了才能瞬间抓住人心，留下印象。

3. 水草造景中的平衡感

在世界水草造景大赛的作品点评中，评委会经常提及"安定感"这个词语，对于一个水草造景，不管你是用"凸型，凹型，三角型"构图，非常重要的一点就是让欣赏者看到你的作品，会感觉到很稳重，很安全，很平稳。如果一个作品的构图不能给人安定的感觉，感官上觉得有偏移或者歪倒的感觉，那就是失败的。平衡感是一种相对的平衡，并不是对称才会平衡，下面我们举例说明怎样营造水草造景的重心与平衡感。

如下图所示，此石组由五块石材所组成，分别为主石，副石和添石。主石是最重要的，体积最大的石材，也是视觉焦点，占有主导地位。它左面的副石是仅次于主石的地位，属于第二重要位置的石材，另外还有三块体积比较小的添石。这个石组主石是向右倾斜的，为了让整体画面更平衡，副石需要向左倾斜，来增加作品的平衡感，添石的作用是让主石和副石更稳定，感觉更"安全"。

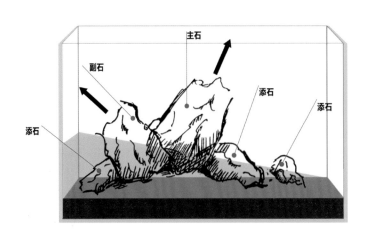

再看看下面这个例子。这个石组的构成与上一组有一些共通之处，也是配有主石，副石和添石。我们看，主石体积非常大，也是绝对的视觉焦点，它的方向是向左倾斜，而副石也是同样向左倾斜，这样的构图会让整体画面很不稳定，没有一种"安全感"，那三块添石的作用毋庸置疑就是为了让整幅画面

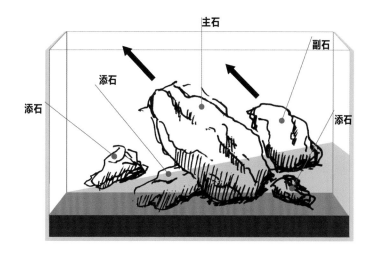

更平衡，左面的两块添石显然是在"托"住主石的倾斜感，而右面的添石也是为了拉伸整体画面向左的感觉，让整体布局更平衡，更和谐。

不管是石头景还是沉木景，好的作品都不会是用一块素材来完成整体构图，而是通过很多的素材进行搭配组合，只用一块素材来使画面获得平衡感是非常难的。我们可以把自己的素材分出主与次，大与小，多与少，合理地摆放，就可以营造一种"安定感"，使画面不会感觉倾斜，使作品静中带着一种动感和韵律。

构图要讲究平衡，这是没错的。但平衡并不是"天平"似的左右对称。从上面的两个例子中我们看到，非左右对称的构图也可以实现平衡感，这就是均衡式构图。均衡式构图就好比秤杆一样，它不需要天平两边的重量都是一样的，只需要根据

情况移动秤砣的位置即可实现平衡。和对称式的平衡构图相比，均衡式构图是一种充满动感的构图，它可以在静止的照片上营造出运动的错觉感。

　　我们简单地介绍两个作品的平衡感

　　一个优秀的水草造景作品要让观赏者感觉它沉静庄重，要达到这种稳重的心理感受，我们需要掌握水景平衡的技法。这种平衡不是通过真实的受力作用，保持物体的静止状态，而是基于参照物的视觉作用，形成心理作用的平衡感。

　　注意看下图中主石的走向是向右上方，虽有延展的气势，但还是会让人不经意间感觉它即将要倒塌。所以作者在右下方放置了与主石对立走向的副石。注意这块副石的作用不是支撑主石的，主石与副石之间的小石头，才是为支撑主石而存在的。由此可见，参照物的位置选择是有一些考究的，这个位置会让副石的支撑感更加显著。退回全局来看，因为副石的支撑感实现了，整个画面的平衡感就产生了，虽然还会有它即将倒下去的感觉，但副石给你带来的安全感也无时无刻地提醒着你，一切都是平衡的。还要注意的是主石后方的水草，选择了叶片形状极细的牛毛毡，密植后会让这块区域显得很厚实，这让主石感觉上重心后移了。副石的托举效果，水草的牵拉效果，都是为了让整个画面感觉更加平衡，凸显出稳重的心理感受。

再看一例。下图中这个作品采用了放射性结构，这种结构可以突出重心，但是很最容易出现的问题就是失衡。

作者掌握了保持构图平衡而又不失重心的秘诀。主石和副石分别向左右方向倾斜，形成一个漂亮的锐角区域，然后在主、副石的同侧又各有次副石来强调放射结构，次副石的走向没有与主、副石的走向完全平行，这赋予放射结构更加自然的美感。

为了让整体结构更加平衡稳定，作者还有意增加了可以托举起副石的添石（图中路线圆圈处），视觉上可以起到支撑副

石的心理暗示，这种暗示一旦出现，就会使作品的平衡感锦上添花。

除了通过摆放素材的位置来体现出平衡感外，合理布置区域也同样可以使作品实现平衡感。

上图这个作品就是典型的区域平衡的范例。作者强调的平衡感，没有依赖于几块素材的比较，而且依靠在硬景观搭建时，在中前景和中景空间，合理地布置了两块三角形的区域。两个三角形区域如同镜面反射一样相对而至，远近关系通过三角形区域的大小得以体现，既体现出平衡感又不失景深。

还要注意的一点就是，作者在水草种植上，也体现出了平衡感觉。两个三角形区域的重心位置作者使用了色彩靓丽的迷你矮珍珠水草，这会让每个区域的重心加强，为平衡关系埋下伏笔。两个三角形交互的位置也种植了色彩靓丽的水草，这是在平衡两个片区的关系，也使得作品增添了一种向下的稳重感。

水草造景艺术的发展仅仅有二十多年，而绘画发展却已经有几千年了。绘画艺术长期积累的视觉艺术的经验，不少也适用于造景艺术。

一般我们说画面会有对称和不对称的原理，对称的构图会相对表现得稳定、安宁、和谐、庄重，但是会使画面觉得平淡无奇。而不对称的构图往往会表现为左右力量不等，高低不等，色彩比例不等以及面积大小不等。虽然不对称构图会让画面气氛紧张，使观者产生不安和紧迫感，但在水草造景中，我们构图一般

还是采用不对称的构图方式，也就是按照黄金分割法接近于3：7，中国画中的"井"字构图也是这个道理。如下图所示。

均衡，就是平衡。这是字面的解释和理念上的概念。我们这里讲的均衡式构图，是一种艺术审美观和视觉心理概念。均衡区别于对称，因为这种形式构图的画面不是左右两边的景物形状、数量、大小、排列的一一对应，而是相等或相近形状、数量、大小的不同排列，给人以视觉上的稳定，是一种异形、异量的呼应均衡，是利用近重远轻、近大远小、深重浅轻等透视规律和视觉习惯的艺术均衡。

要使画面均衡。形成均衡式构图，关键是要选好均衡点（均衡物）。什么是均衡点呢？这要从艺术效果上去找，只要位置恰当，小的物体可以与大的物体相均衡，远的物体也可与近的物体求均衡，动的物体也可以去均衡静的物体，低的景物同样可均衡高的景物。效果好坏与作者的审美能力、艺术素质有关，只要多加实践和学习，一定会掌握这种构图形式，用好这种艺术技巧。

稳重是作品传递给受众后的一种心理作用。稳重的前提必须

要平衡。下面用实例来说明，请看下图：

首先，作品的主要石材选用了太湖石。这种有着粗糙纹理的石头本身就显示出一种大智若愚的美感。石质素材质地坚硬，不会让人感到轻浮。

作品的副石在作品中的作用并不亚于主石，主石的走向稍微向右倾斜，如果没有副石，作品会有倾倒的感觉。第一副石的走向与主石对立，起到了一定的支撑作用，而且第一副石的位置与主石形成了主次两个重心点。

第二副石（紧挨主石圆圈处）的位置，即衬托了主石的气势，也给主石增添了稳重的支撑感。

主石后方的第三、四副石把主石的重心压低，进一步削弱主石的不稳定因素。而且这些副石与主石在形成层次的基础上，又强化了画面结构。

右侧远处的第五、六副石，是为了增加右半部分的稳重感觉，让水景的右半部分以少胜多。而且这些副石也增添了画面整体层次感。

4. 构成关系——重复、渐变、近似

其实我们仔细分析一个水草造景作品时，会发现其中蕴含着各种各样的关系，像一个社会大家庭一样，每个事物都有它的存在的必要性。在画面中，点线面的关系、透视关系、色彩构成的关系、立体构成的关系、平面构成的关系、鱼与水草的关系、石头与沉木的关系，构成的概念元素与景观要素在一定程度与范围内有着一一对应的关系，通过将景观造型要素抽象成这些构成元素，结合各种设计方法，可以扩展景观设计在形式表现上的思路，并对景观设计具有指导意义。

重复

　　在我们的水草造景中，经常用单一水草，或者单一素材去完成一个自然景观，看似比较单调的素材，如果合理地运用，其实也可以做出非常漂亮的造景作品。

　　重复的一般概念是指在同一设计中，相同的形象出现过两次以上，重复是

石材的重复与水草的重复

设计中比较常用的手法，以加强给人的印象，造成有规律的节奏感，使画面统一。我们在水草造景中，会经常使用重复的手法来强调景观的主题和画面的完整性，用同样的素材，根据素材的大小，多少，形态用特定的构成手法表现一个单一的主题。

渐变

渐变常常在自然界中能亲身体验到。在行驶的道路上我们会感到树木由近

石材由大到小的渐变，水草叶形由大到小，由深到浅的渐变。

水草造景艺术：从入门到精通

到远、由大到小的渐变。渐变的类型下图所示：

①　形状的渐变：一个基本形渐变到另一个基本形，基本形可以由完整的渐变到残缺，也可以由简单到复杂，由抽象渐变到具象。

②　方向的渐变：基本形可在平面上作有方向的渐变。

③　位置的渐变：基本形作位置渐变时需用骨架，因为基本形在作位置渐变时，超出骨架的部分会被切掉。

④　大小的渐变：基本形由大到小的渐变排列，会产生远近深度及空间感。

⑤　色彩的渐变：在色彩中，色相、明度、纯度都可以出渐变效果，并会产生有层次感的美感。

⑥　骨格的渐变：是指骨格有规律的变化，使基本形在形状、大小、方向上进行变化。划分骨格的线可以做水平、垂直、斜线、折线、曲线等总骨格的渐变。渐变的骨格精心排列，会产生特殊的视觉效果，有时还会产生错视和运动感。

树冠形态的近似

近似

近似指的是在形状、大小、色彩、肌理等方面有着共同特征，它表现了在统一中呈现生动变化的效果。近似的程度可大可小，如果近似的程度大就产生了重复感。近似程度小就会破坏统一。近似的分类：

① 形状的近似：两个形象如果属同一族类，它们的形状均是近似的，如同人类的形象一样。

② 骨格的近似：骨格可以不是重复而是近似的，也就是说骨格单位的形状、大小有一定变化，是近似的。

注意：近似与渐变有区别，渐变的变化是规律性很强的，基本形排列非常严谨；而近似的变化规律性不强，比其他视觉要素的变化较大，也比较活泼。

5. 黄金比例

黄金比又称黄金律，是指事物各部分间一定的数学比例关系，即将整体一分为二，较大部分与较小部分之比等于整体与较大部分之比，其比值约为1∶0.618，即长段为全段的0.618。0.618被公认为最具有审美意义的比例数字。上述比例是最能引起人的美感的比例，因此被称为黄金分割。应用在生活中有神奇魅力。

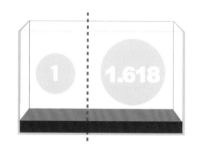

$$\frac{X}{Y} = \frac{X+Y}{X} = \frac{1+\sqrt{5}}{2} \approx 1.618\ldots$$

黄金比例（golden ratio）也称为黄金分割（golden section）或视觉中心（optical center），对于我们放置水草和硬景观而言是个非常有用的手段。黄金比例精确地来说是1∶0.618，对许多水族造景者来说，黄金比例的运用可说已经达到信手拈来的熟练程度了。不要不偏不倚地放在正中心点。应该放置在稍微偏左或偏右的地方，这样才能提供一个更具吸引力的美学观感。

（三）气势与意境

　　水草造景是一种特殊的艺术表现形态，但和绘画、书法、音乐一样，创作者都可以用自己的作品来抒发感情，用作品来造"势"，用作品来表达作者的初衷。

　　势，是一种力量，一种源于自然的不加人为修饰的力量，这种力量有一种强大的不可逾越的压迫感，它的威力在于你会不由自主被其折服。比如我们看到巍峨的高山，浩瀚的海洋，奔腾的江河时，不禁唏嘘地感慨自我的渺小如同沧海一粟。

　　中国文化博大精深，不管是绘画，音乐，书法，都是有相通和相异的地方，水草造景的"势"，可以单纯地理解为视觉冲击力，是否可以让常人感受到是否有气势，是否有力量感，

是否有压迫感是判断其成功与否的标准。

我们看到一些好的造景作品，通常会被它的第一眼吸引住，往往我们会赞叹这个作品很有气势，那么这个"势"如何在造景作品中体现出来呢，首先，你的作品要有主题，中心思想，我们要围绕这个主题来造势，我们拿来这个素材怎么放才会体现出气势感，比如，我们造景的第一步需要摆放骨架，那么我们会先用大的素材来造势，一般情况下，我们都会用主素材来表达作者的中心思想，如果表现得好，这个"势"也就出来了，我们做一个水景作品，一定要让人看到这个作品"抓人"之处，会被第一眼看到，或者说被强大的视觉冲击力所击

到，所以，在做一个作品的时候，尽量用大块的素材应用于作品的主题，不管用石头或者木头，第一块会非常重要。

"势"也就是水草造景缸的视觉冲击力，可以是整体画面带来的冲击力，也可以是局部的焦点带来的冲击力。一般理解为：突出、粗大、棱角分明、力量和气势极强大，能压倒一切的感觉，比如我们要做一个山景，如何用我们手中的素材来体现出山势，如果做得好的话，这个势就出来了，给人一种压迫感，让人有一种只缘身在此山中的感觉。做一片森林，树木的排列组合，近大远小，那种神秘感也可以称之为一种"势"。

我们说完了势，再说说意境，意境是指抒情性作品中呈现的那种情景交融、虚实相生、活跃着生命律动的韵味无穷的诗意空间。"意境"这个词我们时常听到，但意境究竟指的是什么？它是指艺术作品中所阐述的具象事物和事物所表达出的情感。意境是艺术创作者利用一切手段，将个人情感和表现的事物完美融合而形成的一种艺术境界。因此艺术作品无论怎样地阐述具象事物，也只能提升受众审美的广度，只有体现出作品的意境，才能够让人们体会到艺术作品的深度。

意境的表达在绘画中体现最为直接。绘画艺术跟水景艺术都来源于自然，不断发展、总结、归纳，从而形成了一定的风格标准。中国的写意风格绘画作品，对意境的表达已经达到登峰造极的地步。画者作画的灵感来源现景物对感观的刺激，将外界的作用融化成为创作的激情，通过用笔的节奏、顿挫、速度和笔墨形态的相互联结，这样塑造具体形象和画者对景物的个人情感，这种丰富的情感的流露，会与观赏者形成很大程度的共鸣，在这种相互作用的情感基础上，欣赏已经脱离的作品本身的范畴，变成了一种心灵上的，情感上的交互沟通。

当代的艺术过于着重描绘作者的个人主观创造性，过于重视思想感情的表达和主观意识的自我宣泄，一定程度上脱离现实生活，这样的艺术作品感染力没能与受众的基础重合，一定

程度上失去欣赏者。水景作品应该极力避免这种情况，在发掘水景艺术内在语言同时，应该趋近生活、趋近自然，建立扎实的受众基础。

意境除了在绘画范畴内的表达，其他艺术形式也有所体现，我们平时听的流行音乐和歌曲时，有时会唏嘘落泪，有时会激情澎湃，这些就是被音乐表达的意境所感染的最好佐证。古典交响乐对意境的阐释可谓酣畅淋漓。古典音乐通过弦乐、管乐等不同乐器的搭配，保证各种乐器音色的最佳表现，每种不同音色的乐器，各自按照一定的节奏演奏音阶，但每一位身临其境的听众，听到的不再是单一乐器的声响，而是在感受乐章所要表达的主题。

意境可以让艺术作品升华到灵魂的层面，是能够将作者和观赏者心灵贯通，使一个作品不再是一个作品，而是一段情感流露。当一个观赏者能够通过你的作品感受到你创作时的激情，你的作品是当之无愧的艺术瑰宝。在水景作品的创作中，应当直白阐述意境，但不应该因为追求意境而刻意放弃具象的内容。最完美的状态是既在具象上给观者直白的体会，又可以发掘出内在的感情元素。

刚刚讲了很多中国绘画与美学里面的意与境，那么我们如何在自己的水族箱中创造出一眼让人可以感受到意境的作品呢，首先，我们需要命名一个主题的景观，可以是大山大河，森林深处，也可以是我们身边的自然景观，它们都可以拿来命题，作出十分有意境的作品来。我们创作一个作品，不光是把大自然中的景观复制在水族箱之中，更重要的是要把这个景观加上作者的创作思想，用美学的构图，色彩搭配来刻画属于自己心中的景色，这样的作品才具有生命力，让人看到的不只是单纯的复制，而是希望通过这个水景作品，带大家走近作者的心灵世界，在狭小的水族箱中也可以感受大自然带给自己的生命力，让自己的心境更加舒畅，感受到一种心灵的律动。

"气势"和"意境"我认为两者是相互烘托的，两者做好了，这个作品才可以算得上完美。水草造景缸的气势与意境是相辅相成的，两者缺一不可。没有了主体，没有了势的感觉，那么留白是空洞的；如果只在乎了造景缸的气势，缺乏了让人浮想联翩的留白，那么这个造景是没有空间感的。所以我们造景的目的是要把作品的主题鲜明地突出，而用留白的手法营构出只可意会不可言传的大意境！

五

水草造景缸
的创作过程

（一）最初的设计构思

  2010年有一部风靡全球的影片《阿凡达》，相信每个朋友在看完这部影片后，都对潘多拉星球的原始场景留下了很深的印象。我看完这部影片后，决定做一个原始感强的水景设计，于是，在2011年创作了这个作品——灵魂树

  每个人心中都有一棵灵魂树，在长满奇花异草的茂密森林里，那些在空中飘浮着的小精灵随风飘动，飘落在千里之外的人间仙境。闭上眼，静耳聆听，屏住呼吸，仿佛穿透了灵魂的那扇门。在那棵灵魂树下，在飘满小精灵的空间里，我们仿佛

看到了河流山川、日月星辰、花草树木、飞禽走兽，灵魂树代表着一种不可征服，无法预知但真实存在着的自然生命力，而这种生命力只有用心体验时才可以得到。这个作品展现给大家一个纯净和谐的奇幻花园，这里，动植物跟人类和睦相处，顺应自然的规则和谐生活着。

在寻找灵感的过程中，从影片中找到了一些灵感画面。

我们可以从影片中看到这些场景：有很多大型的树木盘绕在一起，还会有一些藤蔓和根系环绕其中，这些大型树木上还附着一些苔类和蕨类的植物，所以我们需要从这些细节入手，开始寻找我们所需要的素材。

（二）选择合适的素材

    大型鱼缸的造景一般强调从自然美、生态美出发，然后回归自然、享受自然。所以鱼缸造景的素材一般选用天然的素材，如沉木、岩石等。如果在大型鱼缸里少了沉木或石头，鱼缸会显得缺乏美感。而有了它，水草景观就更趋于自然，富有魅力。因此，沉木和石头成了鱼缸造景中不可缺少的材料。

    可能很多朋友在设计一个新的景观时选素材是一个比较辛苦的工作，总也选不出非常满意的素材出来，无论是石头或者沉木，都和自己想象的有差距，毕竟这些素材是天然形成的，不会和我们想象中的一模一样的，所以我建议，无论素材形态怎样，我们只要找到接近我们需要的，可能是一块，也可能会有很多块进行搭配组合，根据素材调整我们的设计思路尽量契

合。这样就能设计出令人满意的作品。《灵魂树》这个造景作品，我从很多素材中挑选比较接近古木藤蔓类型的沉木，这个造景，使用了三块粗壮的大型沉木作为主架构，用一些藤条增加自然感，用了一些相对原始感觉的石块来固定沉木，一来有固定的作用，二来可以增加整体造景的稳重感。

有了这些硬景观，我们就可以进行第一步，设计景观的骨架了，当然，在做这些工作之前，别忘了水草造景中最重要的组成部分——水草。

在选择《灵魂树》这个作品所需的水草时，我着重考虑用什么样的水草才适合这种原始感比较强的作品，比如球藻更接近于大自然中木头上的绿苔，小榕垂下来的根系使这个景更有了时间感，等等。有了这些素材的积累，那么我们就可以按照头脑中构思的景色进行开缸了。

（三）设景的四个阶段

1. 设景的第一阶段—水景制作

(1) 搭建骨架

设景的第一个阶段就是搭建骨架，这个阶段是整个造景中最重要的一环，如果搭建的硬景观可以把自己所想象的主题思想和空间视觉冲击力表达得完整的话，那么这个造景就有了最基本的条件和生命力。搭建骨架大致分几种：一是用沉木或者杜鹃根，二是用石头，三是石头和木头相结合。《灵魂树》这个作品运用的沉木为主，石头为辅的手法，选择了"凸"型构图，运用两块"桥"状沉木，利用空间搭建起基本的骨架，运用了藤条的环绕增加了作品的主题思想。同时用了一些石块来使沉木稳定。

⑵ 种植水草

水草当然是每一个草缸的主角，一般水草适应于微酸的水质（pH7以下），但其实部份水草亦可于中性（pH7）的环境中生长。大家常说阴性水草，阳性水草，简单来说，阳性草是较需要光照，即是在受强光照强CO_2下完成光合作用及生长得好的水草；而阴性水草就是不太需要强光都可以完成光合作用及生长的水草，因此在选择草种后给他们提供一个理想的生长环境是必需的。

《灵魂树》所选的水草大多是生长缓慢的阴性水草，它们更符合这个造景所需要表达的主题，由于这个景观上部会有一些对光线的遮挡，所以我们选择的水草也是对灯光要求不高的阴性水草。我的选择有绿球藻、柳条莫丝、波浪铁皇冠、田字草、迷你小榕、莎草、椒草、鹿角苔、美国凤尾苔，这些草叶形比较小，比较方便组合，能增加自然感。之后就是不同的草种在这个硬景观中的应用了。很多阴性水草都不需要种入泥中，比如一些苔类水草和蕨类水草是附着在沉木之上的，在这个景中，种入泥中的部分只要种一些可以低光照情况下生长的水草，如椒草就可以了。

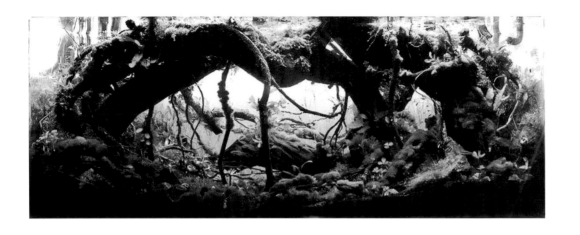

2. 设景的第二阶段——前期维护

　　一个美丽漂亮的水草缸置景后呈现在我们面前，我们在兴奋愉悦的同时，也要考虑一下水草缸以后的日常维护。因为一个漂亮的水草缸，如果得不到有效的管理和维护，一段时间后，也就会失去原有的美丽。为此，水草造景后日常的维护就显得尤为重要。水草造景前三个月的养护也是很关键的，调整水质，肥料的添加，灯光，CO_2的控制等等。养殖者需要每周定时换水，换水的比例为缸水的30％左右最为适宜，少量换水可以给水体带来活力，保证硝化细菌的菌群完整，在换完水后加入适量的液肥，以促进水草的成长。同时，养殖者还需要及时地清洗、更换滤材。一般来说，对于外置的过滤器滤材可以在三个月左右更换一次。以保证草缸的辅助设备能正常地运作，维持水草的正常生长。我们知道，水草的生长是离不开光照的，每天充足的光照，一般在8~10小时左右，是一个草缸成功的第一秘诀，还要考虑水中二氧化碳的含量。养殖者要密切检查草缸中的二氧化碳含量，如果有必要需要向草缸中添加二氧化碳。

3. 设景的第三阶段——中期维护与修剪

为了保证水草有一个良好的形态，还需要及时地修剪水草。依照水草的长势逐步修剪多余的枝叶，在水草造景中最忌讳的是一次性修剪，这样修剪如果掌握不好尺度，会破坏整体的景观观赏效果。因此修剪水草需要在日常生活中逐步地进行修剪，以保持水草有一个优美的姿态。对于水草造景后日常的维护，主要就是保证水草能正常健康地成长，同时又具有极高的欣赏价值。对于水草的维护也就是日常对水草的管理和照顾，为水草提供一个良好健康的生活环境就是维护水草的主要目的。

4. 设景的第四阶段——拍照留念

花了很多的时间和努力让水草造景呈现出我们所预期的景象。当这一天终于来临时，我们总是想用照片来捕捉此刻的美景，同时又能传达出我们的努力、创意和技术。不论自己照相机的品质如何，只要通过几个要诀，我们便能轻易地增进自己的摄影技巧。

我们的造景花费了大量的金钱和时间。不幸的是很多人因此经费所剩不多，所以无法购买专业的摄影器材，或者花时间去学这门艺术。

因此有很多人就用粗浅的摄影知识和业余的相机来拍摄自己的水族造景作品，这非常令人惋惜。其实只要提高一下自己的摄影技巧，只要了解了这些设定方式，不需要昂贵的摄影器材，我们也能够创作出能够真实呈现自己水族造景的图片来。

六

水草的种类
与造景应用

地球上的植物丰富多彩，种类繁多，有大约40万种以上的植物，形成了当前复杂的植物生态群落，从低等的藻类到高等的乔灌木，从广阔的海洋到耸立的高山，从肥沃平原到贫瘠的荒漠，从炎热的赤道到寒冷的寒带，总有许许多多适应于各种环境的植物存在，甚至还有很多我们目前没有发现，或者没有命名的植物。造物主巧夺天工的造物奥秘，在19世纪就被一个伟大的生物学家达尔文所证明，揭示了大自然生物形成发展的规律，即生物进化论。生物进化论除了作为生物学的重要分支得到重视和发展外，其思想和原理在其他学术领域也得到广泛的应用，并形成许多新兴学科。

在生物进化论的影响下，加之生物学、化学和考古学的进步，我们现在了解到植物的演化过程，即：

生命物质的产生→细菌的形成→光合菌的诞生→藻类植物的开始→无明显分化的裸蕨类植物→有分化的蕨类植物→裸子植物→被子植物。

这个过程直到今日，仍在悄无声息地进行着。而今我们已经有了一套科学严谨的植物分类法则，它将地球上所有的植物，按照进化的程度分为：被子植物、双子叶植物、单子叶植物、裸子植物、蕨类植物、苔藓、藻类、真菌、地衣、细菌和蓝藻植物。水草也被分类到这些门类之中。

水草是水生植物的泛称。指生理上依附于水环境、至少部分生殖周期发生在水中或水表面的植物类群。千百万年的演化，水草逐渐进化出一套完全区别于陆生植物的形态。水草不再需要像陆生植物一样发达的根部，也不再为了防止水分和养分流失，用厚厚的表皮包裹主茎叶和根系。除此之外，水生植物的细胞间隙特别发达，经常还发育有特殊的通气组织，以保证在植株的水下部分能有足够的氧气。水生植物的通气组织有开放式和封闭式两大类。开放式的通气组织，通过气孔直接与外界的空气进行交流。封闭式通气组织，不与外界大气连通，只贮存光合作用产生的氧气供呼吸之用，以及呼吸产生的二氧化碳供光合作用之用。

生物学上按照水生植物最佳状态需要的水深度，将水生植物分为：深水植物、浮水植物、水缘植物、沼生植物或喜湿植物。

水景爱好者根据水草的光照需求，将水草粗略地分为阳性草和阴性草。这种分类方式也不足以定义出水草的特点。还有一种方式因水草在水草造景中种植的位置，定义为前景水草、中景水草和后景水草。这种方式只能阐述出水草的基本叶形特点。以上的分类都有不足之处。我们更倾向于按照水草的叶形，生长特性等将水草分类为：有茎水草类、榕类、椒草类、皇冠草类、水兰类、睡莲类、波浪草类、水生蕨类、浮水性水草类、莫丝类。虽然这种方式不够科学，但是在水草造景中非常实用，也是目前比较普及的分类方式。

（一）常见水草种类

绿宫廷水草
Rotala rotundifolia (green form)

分布地区：东南亚

水质要求：弱酸性

叶长特点：1.0~1.5厘米，绿色

CO$_2$需求：可添加

照明需求：强光

应用位置：中、后部

  这种最早分布在东南亚的水草，现在已经因为水草造景爱好者而遍布世界各地，原因很简单，绿宫廷水草极易于种植，生命力顽强，生长速度快，甚至不必为它单独添加二氧化碳，颜色青翠欲滴，被很多风格的造景设计所采用。绿宫廷很容易生长出水面，也被大量运用于水陆风格的造景和陀草造景中。

红宫廷水草
Rotala rotundifolia

分布地区：东南亚

水质要求：弱酸性

叶长特点：1.0~1.5厘米，红色

CO_2需求：可添加

照明需求：强光

应用位置：中、后部

　　植株形态与绿宫廷水草相同，红宫廷水草叶片为红色，红宫廷叶片颜色会根据光照强度、水质条件和CO_2溶解度的不同，表现出不同状态，生长环境越理想，颜色越红，大部分情况会呈现出粉红状态。而且会形成由绿变红的色彩渐变效果。

珍珠草
Hemianthus micranthemoides

分布地区：古巴、美国东南部

水质要求：弱酸性

叶长特点：0.5~1厘米，绿色

CO_2需求：添加

照明需求：中强光

应用位置：皆可

　　日本是最早将珍珠草种植在水族箱的国家，国内的珍珠草最早也是从日本引进的，所以很多人也将它称为日本珍珠草。

　　珍珠草属挺水性水草种类。叶片对生，且叶片较为纤细，颜色翠绿，茎部较为柔嫩。生长速度很快，通常群生种植。珍珠草对于水质要求不严，但是对温度及光照较为敏感，通常需要低温及高强度的照明才能正常生长。

小红莓水草
Ludwigia arcuata

分布地区：北美

水质要求：弱酸性

叶长特点：2~3厘米，红色

CO$_2$需求：添加

照明需求：强光

应用位置：中、后部

  小红莓原来是陆生植物，转水生成功后，成为水族缸中的观赏水草种类。适应了水中环境的小红莓水草，叶子就会变成草莓一样的红色，这也正是其名字的由来。

  小红莓作为水中草时，叶型与陆生状态时有较大的变化，叶长明显增加，叶片变长，叶尖细如针。小红莓喜好强光，可以在水族箱中栽培出良好状态。

迷你矮珍珠水草
Hemianthus callitrichoides

分布地区：古巴

水质要求：弱酸性、软水~中性

叶长特点：0.3厘米左右，绿色

CO$_2$需求：添加

照明需求：中等光照

应用位置：前、中部

  迷你矮珍珠最初是被发现于古巴首都哈瓦那的西方沼泽地区，其水上草与水中草同型。迷你矮珍珠具有圆形对生叶，叶色翠绿，匍匐生长，在合适的条件下，迷你矮珍珠不会向其他有茎水草一样向光生长，而是紧贴底床生长。当迷你矮珍珠爬满底床时，犹如嫩绿色的地毯一样迷人。因此，迷你矮珍珠成为了首选的前景水草。

矮珍珠水草
Golssostigma elatinoides

分布地区：日本

水质要求：弱酸性、软水或偏硬水

叶长特点：0.5厘米，对叶

CO$_2$需求：添加

照明需求：中等光照

应用位置：中、前部

　　矮珍珠草比迷你矮珍珠草叶片要大一些，而且可以清楚分辨出叶片为对生，叶片圆润，茎节可以生长出根组织。对水质和光照环境要求不高，生长速度很快。当光线不足时，茎向上生长迹象明显。

鹿角矮珍珠
Ranunculus papulentus

分布地区：荷兰

水质要求：弱酸性、软水或中性

叶长特点：2~3厘米

CO$_2$需求：添加

照明需求：强光

应用位置：中、前部

　　鹿角矮珍珠叶片像雨伞一样撑开，且叶片和鹿角一样有很多分叉，对高温十分敏感。所以种植鹿角矮珍珠，一定要严格控制温度。可以与矮珍珠水草搭配种植。

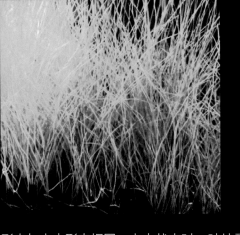

牛毛毡水草
Eleocharis parvula

分布地区：美州、欧洲、非洲

水质要求：弱酸性

叶长特点：3~5厘米，针状

CO₂需求：添加

照明需求：中等光照光

应用位置：中、前部

　　牛毛毡水草细长如牛毛，水上形态与水中形态相同，水中状态时，叶片柔软。水上草的生命力相当强，繁殖速率快。牛毛毡水草能在水族缸中长出像一大片草坪似的景观，相当清新美丽。生长高度主要受到光照度的影响，当光照度强时，它就长得矮小；反之，它就长得高。

天湖荽水草
Hydrocotyle sibthorpioides

分布地区：热带亚热带地区广布

水质要求：弱酸性、软水~中性

叶长特点：1~1.5厘米，云朵状

CO₂需求：建议添加

照明需求：强光

应用位置：均可

　　天湖荽水草茎较为纤弱细长，匍匐在地，平铺成片，茎节可以生长出根组织。颜色为绿色，触手光滑，叶片下面绿色，略有柔毛；叶柄纤细弱小。天湖荽对水质和光照的需求都较高，如果条件适宜，其生长速度极快。天湖荽可以作为中医草药治病解疾。

红蝴蝶
Roala macrandra

分布地区：印度

水质要求：弱酸性

叶长特点：2~3厘米，红色

CO₂需求：添加

照明需求：强光

应用位置：中、后部

　　红蝴蝶属挺水性水草，水上草与水中草的体型上和颜色上有很大差异。红蝴蝶为水上草时，叶片对生，呈圆形，叶质较硬。而水中草的叶片虽然也呈椭圆形，但叶质薄而且非常柔软，宛如花瓣，水草在缓慢流动的水中，姿态如同红色的蝴蝶一般，十分动人，所以大家称它为"红蝴蝶"。红蝴蝶水草在水中时，颜色会随着光强度和照射时间及水质的不同，而有若干差异，主要是花青素、叶绿素及胡萝卜素三种色素的浓度组成来决定。三种色素占比不同时，红蝴蝶水草的颜色自然不同。

青蝴蝶
Rotala macrandra"green"

分布地区：东南亚地区

水质要求：弱酸性

叶长特点：1~2厘米，粉红色

CO₂需求：添加

照明需求：强光

应用位置：中、后部

　　从名称来看，这种水草和红蝴蝶水草形态非常类似，青蝴蝶水草目前无法完全判定是否为红蝴蝶水草的变种。相比红蝴蝶水草来说，青蝴蝶水草主要的差别在于叶片与水草茎连接部分，大部分情况下呈现青绿色。状态好的情况下会变红色，对水质要求和光照要求与红蝴蝶水草相同。

红雨伞
Proserpinaca palustris

分布地区：南美、北美

水质要求：弱酸性

叶长特点：2~3厘米，羽状

CO_2需求：添加

照明需求：强光照

应用位置：中、后景

　　红雨伞叶形呈现羽状。颜色多为橙红或深红色。依栽培条件不同而不同。其变化多端的形态，与其他水草相较显得相当突出，在美国被称为沼泽美人鱼草。红雨伞喜好强光和较低水温，在水中生长较慢。不易分枝，必须输入足够的二氧化碳，及使用品质较佳的液肥，才易达到最佳生长状态。

古巴叶底红
Bredia fordii(hance)Diels

分布地区：古巴

水质要求：弱酸性

叶长特点：3~5厘米，卵形

CO_2需求：添加

照明需求：中强光照

应用位置：中、后景

　　古巴叶底红叶片圆形，大多数情况下叶片为绿色，在适合的水质里，古巴叶底红翠绿的叶片间会衍生出动人的红丝线，且整体叶片颜色转变为黄色或橘红色，奇特而美丽。

印度小圆叶
Rotala rotundifolia

分布地区：印度、东南亚

水质要求：弱酸性

叶长特点：1~2厘米，圆形叶

CO_2需求：添加

照明需求：中等光照

应用位置：中、后景

　　最早主要产于印度地区，因水上状态叶片呈圆形，所以被称为小圆叶。水中状态时，小圆叶水草叶片呈绿色至粉色，对生或少数呈三轮生，叶片呈长卵形。

绿松尾水草
Mayaca fluviatills

分布地区：东南亚

水质要求：弱酸性

叶长特点：1.5~2厘米，针叶

CO_2需求：添加

照明需求：中等光照

应用位置：中、后景

　　绿尾松水草为多轮生的针形叶，与松树的松针极为相似，所以名为绿松尾。颜色翠绿，生命力相当旺盛。绿尾松在强光条件下栽培，叶片会呈黄色，不会出现红色。在湿地中呈现水上草状态，常匍匐生长，能够开出紫色的花朵。

太阳草
Syngonanthus sp."Belem"

分布地区：南美

水质要求：弱酸性、软水

叶长特点：3~4厘米，带状轮生叶形

CO₂需求：添加

照明需求：强光

应用位置：中、后景

　　绿太阳草在原产地南美洲，主要生长于沙性的土地以及水流较为缓慢的溪流或者河流中。既可以在岸上生长，也可以在水中生长。

　　绿太阳草叶片呈现长形或者长形卷曲状，叶片的边缘和叶子的背部有绒毛。绿太阳草栽种较为困难，主要表现在喜欢偏酸性的水质，以及在较软的水质中才可以正常生长。绿太阳草生长良好时，水草顶端如同绿色的太阳，绚丽夺目。绿太阳草通常在成簇生长时具有最好的观赏效果。

牛顿水草
Didiplis indica

分布地区：北美洲

水质要求：弱酸性

叶长特点：2~3厘米，对生针形叶

CO₂需求：添加

照明需求：强光

应用位置：中、后景

　　牛顿草水上叶是对生的椭圆形或者是长椭圆形叶片，但水中草则有十字形对生的针状叶形，植物顶部因为接近光源而会渐变红色。必须有强大的光源以及均衡的营养，否则会比较容易枯死。

百叶草
Eusteralisstellata

分布地区：东南亚

水质要求：弱酸性

叶长特点：3~7厘米

CO$_2$需求：添加

照明需求：中、强光

应用位置：后景

　　百叶草又俗称孔雀尾，产于东南亚一带，叶片长度可达3~7厘米，宽仅0.3厘米左右，叶形纤细。叶面色泽为绿色至淡褐色，叶背则是红色或绿色。百叶草饲养难度较高，需要二氧化碳供应充足，pH维持在6.5左右，还要特别注意百叶草对肥料需要较多，所以一些液肥、铁肥、微量元素等都需要添加。

绿温蒂椒草
Cryptocoryne wendtii

分布地区：斯里兰卡

水质要求：弱酸性

叶长特点：10~15厘米

CO$_2$需求：可添加

照明需求：中、强光

应用位置：中景

　　绿温蒂椒草适应力极强，叶柄呈棕色或红色。叶片狭长，约10~15厘米，呈翠绿色。受到水质及光线的影响，叶片由亮绿色转变至红棕色。绿温蒂椒草属于栽培容易的水草，绿温蒂椒草栽种时最好在底床下增加根肥。

针叶皇冠
Echinodorus tenellus

分布地区：北美南部、南美

水质要求：弱酸性

叶长特点：5~6厘米，针形叶片

CO$_2$需求：可添加

照明需求：中等光照

应用位置：前景

  针叶皇冠草株形矮小，叶片狭长。匍匐生长，依靠走茎来进行繁殖，这种植物单看不起眼，但在底床上成片种植时，却能起到类似原生状态下的草坪效果。也可以作为点缀水草，种植在迷你矮珍珠和矮珍珠草坪中。当光线条件理想的情况下，叶片会呈紫红色。

水兰
Sagittaria sbulata var. sbulata

分布地区：美国东海岸

水质要求：弱酸性

叶长特点：15~40厘米

CO$_2$需求：可添加

照明需求：中等光照

应用位置：中、后景

  水兰水草主要分布在美国东海岸沼泽上，它的适应能力非常强，在多种水质里都能正常生长，对光照也没有特别的要求，非常适合水草新手养殖。水兰的叶长在15~40厘米之间，叶片宽在0.4厘米左右。

铁皇冠
Microsorium pteropus

分布地区：东南亚热带地区

水质要求：弱酸性或中性、软水

叶长特点：10~20厘米

CO$_2$需求：可添加

照明需求：中等光照

应用位置：中、后景

具有条状根茎，下方长着黑褐色的不定根，上方长着针形叶的叶状体，深绿色，丛生，叶长10~20厘米左右，叶宽在2~3厘米之间，叶脉为龟甲型，偶尔在基部会出现两个边裂，叶背上附有孢子囊。

这种水草的适应能力良好，对光线需求极低，栽植容易。在水中栽培时要注意不能让水的酸碱度有急剧变化。

黑木橛
Bolbitis heudelotii

分布地区：非洲

水质要求：弱酸性或中性、软水

叶长特点：15~30厘米

CO$_2$需求：可添加

照明需求：中等光照

应用位置：中、后景

黑木蕨的茎较细，叶齿较少，叶面不平整，叶片比较薄，呈透明状。具有互生性的叶部，叶片全裂呈羽毛状，色泽呈暗绿色。不论水上叶或水中叶，只要有足够的光线，叶片就会直立生长。适合定植在沉木、岩石上，会长出群生状的根茎或侧根。

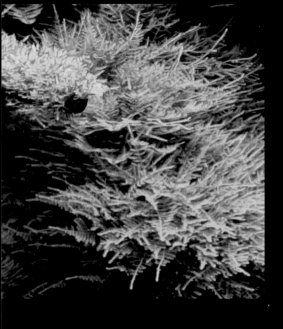

三角莫丝
Vesicuarpa sp.

分布地区: 非洲

水质要求: 弱酸性至弱碱性、软水至偏硬水

叶长特点: 2~5厘米

CO$_2$需求: 可以不添加

照明需求: 中等光照

应用位置: 任意

　　有一枝茎叶等距离分生，形成三角形状。喜欢低温，温度过高时会导致颜色发黄或枯死。攀附能力很强，适合定植素材上。也可以水上进行栽培。

垂泪莫斯
Vesicularia ferriei

分布地区: 不详

水质要求: 弱酸性至弱碱性、软水至偏硬水

叶长特点: 向下生长

CO$_2$需求: 可以不添加

照明需求: 中等光照

应用位置: 任意

　　很少见的向下生长的水草，从茎部伸出一枝枝叶，呈垂吊状向下生长。

珊瑚莫丝
Riccardia chamedryfolia

分布地区：东欧

水质要求：弱酸性

叶长特点：鹿角状

CO_2需求：添加

照明需求：中等光照

应用位置：任意

　　莫丝中对光和二氧化碳要求苛刻的一个品料，叶形呈现鹿角状，所以又被称为珊瑚鹿角苔。附着能力极强，对温度极其敏感，温度超过28℃时生长停滞。

美国凤尾苔
Phoenix Moss

分布地区：美国及墨西哥

水质要求：弱酸性

叶长特点：羽毛状

CO_2需求：添加

照明需求：中等光照

应用位置：任意

　　分布于美国及墨西哥，植物体呈羽状，形状与凤凰的羽毛相似，因此得名。原生状态下，凤尾苔利用假根攀附在潮湿的树木或岩石表面，往下垂悬生长，极个别情况会生长于停滞或移动缓慢的水域中。

（二）水草应用中的的创意布局

　　随着对水草造景艺术的了解逐渐加深，我们会认识更多的水草。除了繁多的种类和生长环境需求以外，关于水草种植还有一个问题可能也同样困扰着你，在实际运用中，这些水草应该种植在水族箱的什么具体位置，和什么水草搭配使用？这个问题我不想给出一个明确的答案，更确切地说我也不好给出一个标准的答案，因为水草是大自然恩赐给水草造景爱好者们的礼物，对于水草的运用每一位优秀的水草造景设计师都有自己独特的见解和喜好，生硬地灌输水草运用方式方法，反而会让你的创意思路陷入一个误区，我更希望给你介绍一些水草在造景运用中的实例，通过对经典水草造景作品水草的分析，来拓展我们对水草运用的想象空间，我想这是有益的。

左图展示的是张剑峰先生的作品《亚马逊》，这个优秀的水草造景作品在2012年世界水草造景大赛上获得全场大奖。作品除了在构图，硬景观方面的细心雕琢以外，水草的合理搭配和创意运用同样值得我们认真学习和揣摩。

作品《亚马逊》灵感来源于如上图所示的南美洲的亚马逊雨林。想在120厘米的水族箱表现出占地700万平方千米，横越了8个国家的世界第一大热带雨林，作者在整体构思做了充分的准备。在水草上作者使用了：珊瑚莫丝、美国凤尾苔、小三角莫丝、汤匙萍、迷你椒草等水草，你会发现这些水草的叶形上都属于小叶型，大量运用小叶型水草可以将视觉焦点拉近，让整个水景的透视关系拉远，显得整个水草造景场面更加空旷辽阔。这样更能表现出亚马逊雨林原始的广袤感觉。

珊瑚莫丝

作者很巧妙地使用了珊瑚莫丝水草来表现自然界中的树冠效果，惟妙惟肖，十分生动地刻画了两组雨林效果。

再细心观察你会发现，作者选择的五种水草中，有三种属于水生苔藓类，水生苔藓类水草是被水草造景爱好者公认的表现树冠的利器，它们非常利于表现树冠的扩散性、生长性。在水生苔藓的选择上更值得我们注意，作者精心地选择了叶形表现差异较大的三个种类的莫丝，这会让水草的近大远小的透视效

果更加明确。通过高矮各异、错落有致地排列的树冠，来表达亚马逊雨林树木的茂盛身姿；通过夸张的透视表现手法，来表现原始雨林的纵深感觉。此外，还会自然地出现一些阴暗区域，再次强调纵深感的同时又彰显出雨林的几分神秘。

　　而汤匙萍、迷你椒草是整个作品中运用茎叶关系最为明确的水草，而且色彩也是最为突出的，这可以让整个作品的前景轮廓更为清晰，还会与用于模拟树冠的莫丝类水草形成虚实的透视效果，再一次强调场景的透视关系并烘托整个水草景观表现的庞大气势。

　　水景作品《亚马逊》在水草选择上，全因作者想要表达的最终效果而决定去留，通过具象写实的表现手法，将经过千万年自然生存法则洗礼后的亚马逊

原始雨林，鲜活地呈现在我们的眼前。

我们再来看下作品《灵魂树》，虽然表现的主体都是树，但与作品《亚马逊》截然不同，作者采用了特写的手法，展现了一棵参天古树的局部细节。《灵魂树》作品主要采用了绿藻球，三角莫丝、小榕、菲律宾铁皇冠、大沙草等水草。

绿藻球是整个水景作品中使用最为广泛一种水草，这种拥有附着生长能力，叶形细小密集的水草，用来模拟自然界中树干上密实的苔藓非常形象。这种模拟并非没有其他目的，通过写实的表现，从一个侧面来强调整个作品的主题。在大量使用绿藻球的基础上，点缀些许的三角莫丝，让苔藓表现更加生动

自然，其目的是为强调苔藓的真实感觉。

　　小榕水草的运用在整个作品中可谓是神来之笔，不光运用了小榕的茎叶，连小榕的根部也被充分地用来表现依附在树干上的藤条，让整个作品的时间感、生长感发挥得淋漓尽致。为了与小榕的叶有层次上的区别，作者还大胆地运用了波浪铁皇冠水草，让树的枝干上，不光有厚重的苔藓也有古树叶子。这些细节更赋予了硬景观鲜活的生命特征。

　　除去将骨架镂空透视区域作为留白的部分以外，水族箱的后景稀疏地种植了大莎草，向上生长而又飘逸的大莎草，与下垂的小榕的气根遥相呼应，增强了整个画面的透视效果，又让整个水景的气氛更加深远神秘，给整个水草景观平添了几分厚重的氛围。

下面要研究的作品是张剑锋先生的《黄土高原》。如上图所示，这个作品与大部分水草造景作品相比，最为突出的是整体色调的差异性，《黄土高原》一改往日水草造景绿色或红色的色调，大胆地采用了暗黄色。这一点突出地表现了黄土高原的真实效果。作品运用了珊瑚莫丝和新牛顿水草。

珊瑚莫丝点缀在中前景的深黄色的松皮石上，象征黄土高原恶劣气候下顽强的生命，而且由近及远采用了疏密有序的种植方式，与后景形成了对比强烈的两大块颜色区域。这种大块颜色的对比视觉感非常强劲。

后景密植了新牛顿水草，作者充

分发挥了新牛顿草强光变色的特点，通过控制光照强度和时间等手段，让后景新牛顿水草由两侧向中间形成绿—黄—橙变化。黄色和橙色与作品主题的实体颜色是一致的，这会让观赏者产生共鸣，很容易体会到作者要表达的核心内容。而且色彩上的渐变也同样增强了景深效果，通过色彩作为视觉焦点向导，将视线牵引到焦点上。另外新牛顿水草叶片的窄长结构，运用在此处也能体现出黄土高原沟壑纵横的质感。

　　《黄土高原》从水草运用到色彩的变化再到美学的构图理念，作为一个创作主题的表现手法，都是值得我们认真学习和大胆借鉴的。

最后我们来欣赏作品《缘》，如下图所示，这个作品展现了生活中看到的树根的交错延伸效果，没有直接对树进行描述，而且通过树根部反衬出树的壮美和磅礴的生命力。作者这样的表述思路，是对树的生长特性有过仔细的观察和研究而产生的。在理想生长条件下，树根深度是和树的高度对等的，树有多高，树根就能有多深；而树根延伸的宽度则以树冠的滴水线是一致的，即树冠宽度有多大，根系范围的宽度就有多大。所以树根跟树冠一样在量级上都可以表达树的生长感。能够把树根部分形象表现出来，同样也可以让观赏者感受到树的高大。

作品《缘》运用了丰富的水草来表现整个水景效果，包括：珊瑚莫斯、三角莫丝、矮珍珠、针叶铁皇冠、细叶铁皇冠、牛毛毡、大莎草等。

前景草叶形一大一小，不但将树根延伸区域覆盖的植被表现出来，也将整个树根延伸区域的体积感通过透视效果清晰地阐述出来。点缀些许针叶铁皇冠和牛毛毡，让整个根部延伸区域的植被体系丰富起来，更贴近现实。

珊瑚莫丝和三角莫丝附着在树干上，这与作品《灵魂树》对水生苔类的运用异曲同工，将树自然的沧桑历史感表现得酣畅淋漓。

细叶铁皇冠放在了硬景观的中后部，不仅再一次丰富了根系延伸区域植被，也让硬景观的硬朗轮廓与水草形成对比，并得以彰显，同时还为前后景之间增加了新的层次，让前后景之间的过渡更为和谐自然。

牛毛毡水草和大莎草被
种植在水族箱的后部，细长
的牛毛毡水草让视线消失点
变得模糊，让整个根系延伸
区域的空间感再一次得以强
化。而高大一些的大莎草更
立体地营造了整个景观的景
深效果，有效塑造了树木根
系的区域感和体积感。

（三）水草的作用

　　水草在水草造景中是核心元素，除此之外，水草对整个水族箱中的生态循环，还有不可小视的化学作用。

　　水草和其他陆生植物一样，可以进行光合作用，只不过水草是水中氧气的制造者，这也是水草的最大功用。在光照充足的条件下，水草持续地吸收水体中的CO_2同时释放出氧气。这个过程对水体最大的意义就是降低水体中的CO_2含量和提升水体中的氧气含量，给水生物提供必要的生存资料。在水族箱中，水草制造的氧气是以溶于水的形态安静而无声地存在于水体中的，这使得我们大多时候无法观察到水草光合作用的整个过程，但在某些情况下我们是可以看见水草光合作用的产物——氧气的，例如微小的氧气泡可能会附着在水草叶面上，或从水草破损的茎叶处上升到水面，这就是水草在水中进行光合作用时产出物的显著表现。科技的发展，各类人工器械的出现改变了我们今天的生活方式，水中的溶氧量可以通过氧气泵来提高，但是这个效果仍然无法替代水草的作用。

　　水族箱内的稳定的溶氧量，不光可以提供热带观赏鱼必要的生存条件，而且它还默默地做着其他的奉献。在水草造景水族箱内饲养的热带观赏鱼，它们新陈代谢产生大量有机物质，腐败菌会将这些有机物发酵代谢成氨类物质，这些物质经过好氧细菌处理后，转化成具有较高毒性的亚硝酸盐，同样再由好氧菌将它们转化成低毒硝酸盐，在经过一系列复杂的转化，最初的大量有机物质已经可以被水草吸收利用。细菌在水族箱中完成一种十分重要却难以看见的任务，它们持续地将一些化合物分解与重组，如果没有这些细菌，大量有机物质可能对水族箱水质构成极大的威胁，在细菌辛勤地劳作的时候，我们也不要忘记氧气是它们存活的最重要条件之一。

生长密植的水草在水族箱内为幼小鱼只、水蚤等水生物提供了避难场所，为鱼只繁殖提供了较为封闭的空间，使得整个水族箱生态体系更加完善。除此之外，水草在医药，特别是中医药、环境治理等方面也有巨大的价值，等待我们去进一步地开发和利用。

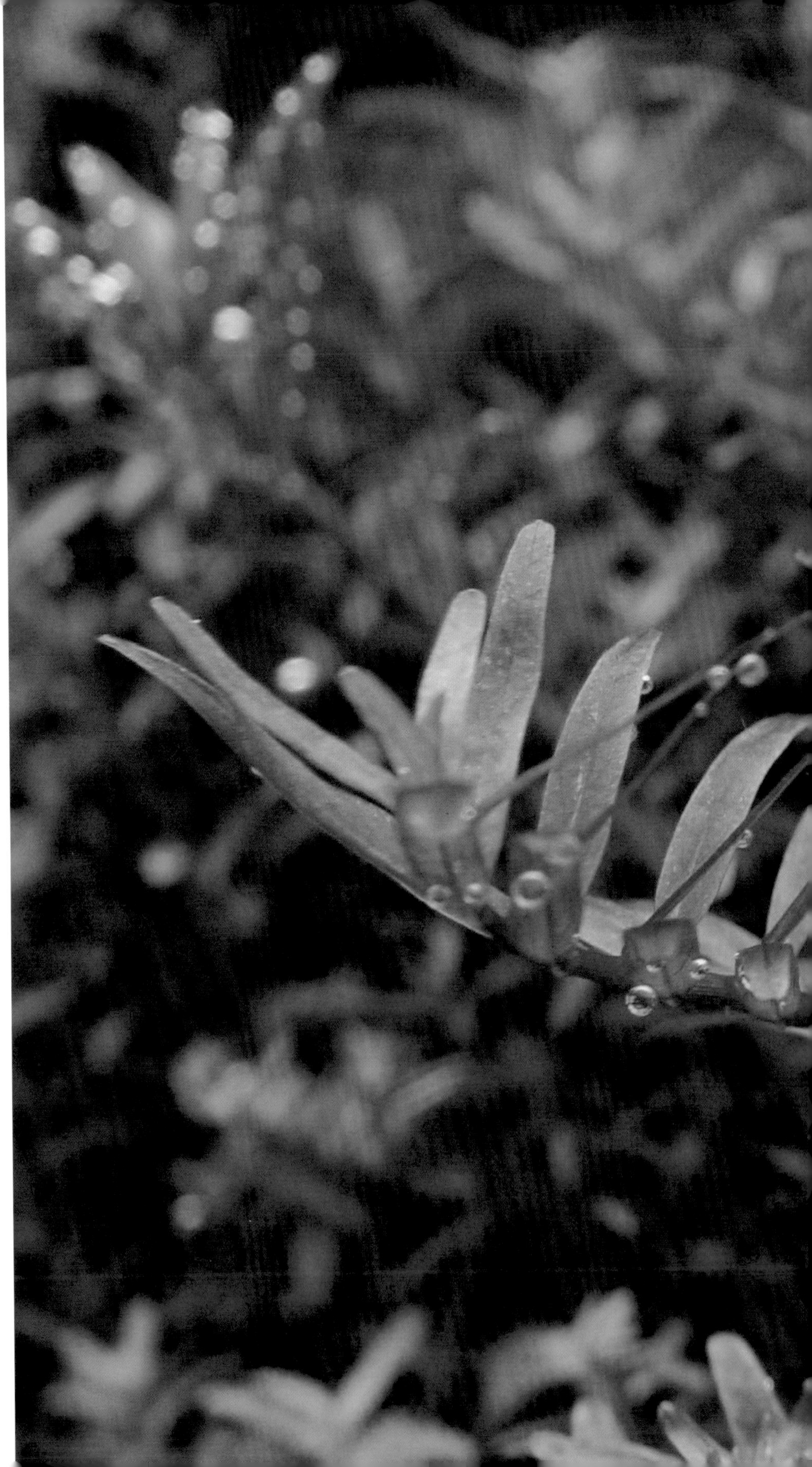

（四）水草常见的疾病

　　水草和其他生命体一样也有生老病死。我们需要掌握一定的水草疾病防治知识，来应对我们在水草造景作品维护过程中遇到的麻烦。水草疾病的发生机制相对其他生物的疾病来说，比较简单明确，不外乎水草自身营养不良、对水质环境不适、硬性机械损伤以及生物性破坏。

1. 水草自身营养不良

　　水草的整个生长过程，也是水草自身与外界环境之间营养物质交换和能量交换的过程。当外界环境中的营养物质不能提供水草正常生长代谢时，水草就会出现营养不良的病态表现。了解了水草营养不良形成的原因后，我们只需要根据水草营养不良后的表现，来判断水草需要哪一种营养物质，对其进行适当地补充，当所有的营养元素比例符合水草生长代谢需求时，水草就可以健康快速地生长了。这样简单的处理并非没有科学依据，是严格的遵守了李比希男爵的养分归还学说。除了营养物质缺乏导致的水草营养不良之外，我们还需要注意避免某种元素积累过剩，这也会使水草表现出病理反应。常见的营养不良病症下，水草的表现会有明确的提示。

　　借助于现代植物营养学，我们了解到植物正常生长代谢所需要的营养元素有必需元素和有益元素之分，必需元素中又有常量元素和微量元素之分。必需元素是水草在正常生长发育所必需，并且不能用其他元素代替的植物营养元素。常量元素与微量元素虽在植物需求量上有多少寡重之分，但对植物的生命活动都具有重要功能，它们是构成植物体内有机结构的组成成分，参与酶促反应或能量代谢及生理调节，都是植物不可缺少的。

　　水草所必需的营养元素有16种。分别是碳、氢、氧、氮、磷、钾、钙、镁、硫、铁、硼、锰、铜、锌、钼、氯。这16种营养元素又分为大量元素与微量元素，尽管吸收量不同，但对于水草而言，都是不可或缺的。下面对几个比较重要的元素进行介绍。

2. 水草需要的元素

三种元素氮磷钾

氮

氮是作物体内许多重要有机化合物的组分，例如蛋白质、核酸、叶绿素、酶、维生素、生物碱和一些激素等都含有氮素。氮素也是遗传物质的基础。在所有生物体内，蛋白质最为重要，它常处于代谢活动的中心地位。

氮是蛋白质的重要组成部分，蛋白质是构成原生质的基础物质，蛋白态氮通常可占植株全氮的80%~85%，蛋白质中平均含氮16%~18%。在作物生长发育过程中，细胞的增长和分裂以及新细胞的形成都必须有蛋白质参与。缺氮时因新细胞形成受阻而导致植物生长发育缓慢，甚至出现生长停滞。蛋白质的重要性还在于它是生物体生命存在的形式。一切动、植物的生命都处于蛋白质不断合成和分解的过程之中，正是在这不断合成和不断分解的动态变化中才有生命存在。如果没有氮素，就没有蛋白质，也就没有了生命。氮素是一切有机体不可缺少的元素，所以它被称为生命元素。

核酸和核蛋白的成分 核酸也是植物生长发育和生命活动的基础物质，核酸中含氮15%~16%。无论是在核糖核酸（RNA）或是在脱氧核糖核酸（DNA）中都含有氮素。核酸在细胞内通常与蛋白质结合，以核蛋白的形式存在。核酸和核蛋白大量存在于细胞核和植物顶端分生组织中。信息核糖核酸（mRNA）是合成蛋白质的模板，DNA是决定作物生物学特性的遗传物质，DNA和RNA是遗传信息的传递者。核酸和核蛋白在植物生活和遗传变异过程中有特殊作用。核酸态氮约占植株全氮的10%左右。

叶绿素，众所周知，绿色植物是有赖于叶绿素进行光合作用的，而叶绿素a和叶绿素b中都含有氮素。据测定，叶绿体占叶片干重的20%~30%，而叶绿体中含蛋白质45%~60%。叶绿素是植物进行光合作用的场所。实践证明，叶绿素的含量往往直接影响着光合作用的速率和光合产物的形成。当植物缺氮时，体内叶绿素含量下降，叶片黄化，光合作用强度减弱，光合产物减少，从而使作物产量明显降低。绿色植物生长和发育过程中没有氮素参与是不可想象的。

许多酶的组成本身就是蛋白质，是体内生化作用和代谢过程中的生物催化剂。植物体内许多生物化学反应的方向和速度都是由酶系统控制的。通常，各代谢过程中的生物化学反应都必须有一个或几个相应的酶参加。缺少相应的酶，代谢过程就很难顺利进行。氮素常通过酶间接影响着植物的生长和发育。所以，氮素供应状况关系到作物体内各种物质及能量的转化过程。此外，氮素还是一些维生素（如维生素B、维生素B_2、维生素B_6、维生素PP等）的组分，而生物碱（如烟碱、茶碱、胆碱等）和植物激素（如细胞分裂素、赤霉素等）也都含有氮。这些含氮化合物在植物体内含量虽不多，但对于调节某些生理过程却很重要。如细胞分裂素，它是一种含氮的环状化合物，可促进植株侧芽发生和增加禾本科作物的分蘖，并能调节胚乳细胞的形成，有明显增加粒重的作用；而增施氮肥则可促进细胞分裂素的合成，因为细胞分裂素的形成需要氨基酸。此外，细胞分裂素还可以促进蛋白质合成，防止叶绿素分解，长期保持绿色，延缓和防止植物器官衰老。总之，氮对水草生命活动有极其重要的作用。

磷

磷在植物体中的含量仅次于氮和钾，一般在种子中含量较高。磷对植物营养有重要的作用。植物体内几乎许多重要的有机化合物都含有磷。磷在植物体内参与光合作用、呼吸作用、能量储存和传递、细胞分裂、细胞增大和其他一些过程。磷能促进早期根系的形成和生长，提高植物适应外界环境条件的能力，有助于植物抵抗冬天的严寒。磷有助于增强一些植物的抗病性，抗旱和抗寒能力。

磷对植物的重要作用如下：

（一）磷是植物体内重要化合物的组成元素

1. 核酸与核蛋白

核酸是作物生长发育、繁殖和遗传变异中极为重要的物质，磷的正常供应，有利于细胞分裂、增殖，促进根系的伸展和地上部的生长发育。

2. 磷脂

磷脂在种子内含量较高，说明其在繁殖方面有重要作用，磷脂分子中既有酸性基因，又有碱性基因，对细胞原生质的缓冲性具有重要作用，因此磷脂能提高植物对环境变化的抗逆能力。

3. 含磷的生物活性物质

腺苷三磷酸（ATP）、乌苷三磷酸（GTP）、脲苷三磷酸（UTP）、胞苷三磷酸（CTP）。它们在物质新陈代谢过程中起着重要的作用，尤其是ATP。磷还存在于许多酶中，辅酶Ⅰ（NAD）、辅酶ⅡNAPT、辅酶A(HS-COA)，黄素酶(FAD)等。

（二）磷能加强光合作用和碳水化合物的合成与运转

虽然碳水化合物本身不含磷，但它的合成及运输却需要磷参加，光合作用一开始就需要磷参加，另一重要作用是光合磷酸化（变成ATP），磷还能促进碳水化合物在体内的运输。

（三）促进氮素代谢

磷是作物体内氮素代谢过程中的组成成分之一，如氨基转移酶，硝酸还原酶。磷还能提高豆科作物根瘤的固氮活性（以磷增氮）。

（四）提高植物对外界环境的适应性

磷能提高细胞结构的水化度和胶体束缚水的能力，减少细胞水分的损失，并增加原生质的黏性和弹性，提高了原生质对局部脱水的抵抗能力，根系利用深层水分等。磷能促进各种合成过程，在低温下仍能进行，增加体内可溶性糖类、磷脂等浓度，提高了细胞液浓度；增加了植物抗寒性。磷能提高植物对外界pH变化的适应能力。

钾

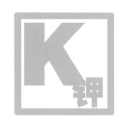

钾是植物的主要营养元素，是除氮、磷外，植物需求量最大的营养元素。

钾与氮、磷不同，它不是植物体内有机化合物的成分。迄今为止，尚未在植物体内发现含钾的有机化合物。钾呈离子状态溶于植物汁液之中，其主要功能与植物的新陈代谢有关。

钾能够促进光合作用，缺钾使光合作用减弱。钾能明显地提高植物对氮的吸收和利用，并很快转化为蛋白质。钾还能调节植物对于水分的吸收与利用。由于钾离子能较多地累积在作物细胞之中，因此使细胞渗透压增加并使水分从低浓度的土壤溶液中向高浓度的根细胞中移动。在钾供应充足时，作物能有效地利用水分，并保持在体内。

钾的另一特点是有助于作物的抗逆性。钾的重要生理作用之一是增强细胞对环境条件的调节作用。钾能增强植物对各种不良状况的忍受能力，如干旱、低温、含盐量、病虫危害、倒伏等。

植物最常见的缺钾症状是沿叶缘的灼伤状，首先从下部的老叶片开始，逐步向上部叶片扩展，并且有斑点产生。缺钾植物生长缓慢，根系发育差。茎秆脆弱，常出现倒伏。植株对病害的抗性低。

氮、磷、钾是植物所必需的，同时也是需求量最大的三种元素。在水族箱中，营养元素的获得与陆地与农作物有些不同，对于氮和磷，往往在饲料中及动植物尸体腐败转化后可以得到一定程度的补充，但对于钾元素，除了额外添加外，并没有很好的获得方式。因此，钾肥往往是容易被忽略的一种重要的营养元素。同时，在矿物营养元素中，钾肥并不像钙或镁等元素在超量后会引起比较明显的拮抗反应。同时，在自来水中，钾元素的含量往往是不足的，但钙和镁含量往往是比较充裕的，因此除了极少数地区，水质很软，或者使用纯净水的情况下，一般不需要额外增加钙镁的添加。而且钾与钙有一定的拮抗作用。对于缓解部分地区水质偏硬，钙影响其他营养素的吸收方面，钾肥都会有所帮助。综上所述，这也是为什么很多品牌会额外推出单纯的钾肥的一些原因。

硬度离子钙和镁

钙

钙是一种所有作物都所必需的中量元素，其主要营养功能：

1. 参与细胞壁的组成，钙以果胶钙的形式参与细胞壁的组成，缺钙时细胞壁不能形成，影响细胞分裂与形成，影响根尖、茎尖分生组织的成长，影响加长生长、木质坚固、种子萌发及种子和根系的发育，导致吸收力的降低。

2. 与蛋白质分子相结合，是质膜的重要组分，钙可防止细胞和液胞中的物质外渗，保持膜的不分解，防止果实变绵衰老。钙可使原生质水化性降低，与钾、镁离子配合，保持原生质的正常状态，调节原生质的活力，使细胞的充水度、黏滞性、弹性及渗透性等均适合植物的正常生长，保证代谢作用的顺利进行。

3. 是植物体许多酶的活化剂，影响植物体的代谢作用：钙是一些酶和辅酶的活化剂，如三磷酸腺苷的水解酶、淀粉酶、琥珀酸脱氨酶以及磷酯的水解酶等。钙关系到蛋白质的合成及碳水化合物的输送。

镁

植物缺镁时，叶绿素含量下降，并出现失绿症；植株矮小，生长缓慢。症状首先出现在老叶，特别是老叶叶尖先出现，然后向上发展。缺镁也可使叶片发硬、变脆和扭曲。

镁是叶绿素的必需成分，并促进光合作用。镁的主要功能是作为叶绿素a和叶绿素b卟啉环的中心原子，在叶绿素合成和光合作用中起重要作用。植物缺镁时，叶绿素含量减少，叶片褪绿，光合作用受阻。镁在光合作用中的地位十分重要，除了它作为叶绿素的成分外，它参与了光合磷酸化和磷酸化作用。在光合作用中，镁主要活化二磷酸核酮糖（RUBP)羧化酶，RUBP羧化酶可催化二氧化碳固定。

钙、镁是水中主要的硬度离子，在大陆的大部分地区，钙镁的含量都不会成为水草生长的限制因子，不需要额外添加。甚至很多内陆地区水质偏硬会影响很多种类水草的培育，这种情况下可以尝试补充下钾肥及微量元素，或者通过软水树脂、使用纯水等方式来调整水质条件。

其他元素

铁

铁在植物生理上有重要作用。铁是一些重要的氧化–还原酶催化部分的组成成分。铁不是叶绿素的组成成分，但缺铁时，叶绿体的片层结构会发生很大变化，严重时甚至使叶绿体发生崩解，可见铁对叶绿素的形成  是必不可少的。缺铁时叶片会发生失绿现象。铁在植物体内以各种形式与蛋白质结合，作为重要的电子传递体或催化剂，参与许多生命活动。铁是固氮酶中铁蛋白和钼铁蛋白的组成部分，在生物固氮中起着极为重要的作用。由于铁在植物体内难以移动，又是叶绿素形成所必需的元素，所以最常见的缺铁症状是幼叶失绿。失绿症开始时，叶片颜色变淡，新叶脉间失绿而黄化，但叶脉仍保持绿色。当缺铁严重时，整个叶尖失绿，极度缺乏时，叶色完全变白并可出现坏死斑点。缺铁失绿可导致生长停滞，严重时可导致植株死亡。在田间条件下，缺铁症状并不总是象上述那样典型规则。在有的地段，植物可能失绿，而毗邻的地段可能生长正常，甚至失绿和正常生长的植株可能紧靠着生长在一起。

对于传统的水草培育观点，认为添加铁肥会增加红草的发色效果。很多理论都是通过陆生植物的理论与现象推理得到的。不管怎样，明亮的光照、良好的水质、丰富的铁质及其他营养元素、适宜的温度都是水草发色所需的必要条件。因此，如果想培育出红艳的水草，单纯添加铁肥是无法达到理想的效果的。

硫

硫是植物体内含硫蛋白质的重要组成成分，约有90%的
硫存在于胱氨酸和蛋氨酸等含硫氨基酸中。硫也是植物体内
脂肪酶、羧化酶、氨基转移酶、磷酸化酶等的组成成分，并
参与某些生物活性物质如硫胺素、辅酶A、乙酰辅酶A等的
组成。由于硫在体内流动性较差，缺硫的病症在幼叶比老叶表现得更明显。缺
硫时植株代谢混乱，影响氨基酸、蛋白质、脂肪和碳水化合物的合成。

3. 水草营养不良的表现

如果植物缺少某种必需元素，会有一些病态表现来警示我们注意。

水草缺铁元素时，水草的光合作用减弱甚至直接停止，叶片黄化，水草叶
片尖端黄化更为严重。水草缺铁症状的表现总是从娇嫩的新叶开始的，往往明
显可见叶脉深绿而脉间出现黄斑块，随后斑块逐渐扩大连成黄色片区。缺铁症
状在水草中最容易发生，通常一般水草黄化的问题大多是由于缺铁造成。当缺
铁时可以添加螯合铁肥来防治。

但也保证适当的铁肥补充量，当铁元素过量时叶脉因磷酸铁沉积于组织内
而呈现褐色或黑色，并有白色叶斑产生，水草老叶上有褐色斑点。

当水草缺少镁元素时，水草的叶绿素合成严重受阻，光合作用被抑制，糖
类、蛋白质合成便受到抑制，植物生长代谢开始混乱，叶脉仍绿但叶脉之间褐
色斑块，如同被火灼烧过的样子。

烂叶　　　　　　　　　坏疽　　　　　　　　　黄叶

水草叶片发生卷曲或则皱缩起来的现象时，表示水草缺少钾元素，水草缺少钾元素时的症状首先发生在水草的老叶上，叶片变黄，逐渐坏死，新叶叶缘焦枯，生长缓慢而叶片中部生长较快，导致叶片卷曲，此时水草因光合作用及叶绿素合成已经不能正常进行，严重时会导致水草死亡。

当水草缺少锰元素时，叶绿素合成收到阻碍，导致叶片变黄，值得注意的是，叶片的叶脉仍保持绿色。严重时会发现叶片出现褪色，逐渐透明。水草缺少锰元素时，可以加入适量的硫酸锰溶液。当锰元素过量时会抑制铁、钙的吸收。

水草也同样需要钙元素，水草缺乏钙的主要症状是植物体的生长发育停止，尤其是在植物顶芽的部分开始停止生长，因为其他组织结构继续生长导致水草肢体发生变形，最后整株植物由顶芽向下逐渐枯死。这主要是由于生长激素无法正常作用，细胞分裂无法正常进行，综合导致水草体代谢异常所致。

钙元素的确可以通过在水中增加水硬度来进行改善，可以在水族箱中适当地添加一些自来水补充水硬度。

当钙过量会干扰铁、锰、镁、锌的吸收。

4. 水草肥料介绍

以上列举了一些水草缺少元素时的表现，相信你也会留意到一个问题，大部分水草缺常量元素时都会导致叶绿素工作效率降低或是停止，都会伴随着黄叶的表现。这给我们判断水草具体缺少哪一种元素造成了很大干扰。值得庆幸的是水草肥已经普遍地运用在水草种殖和水草造景中，水草肥的运用解决了水草因为营养不良导致的各种病态表现，还给我们一个生机盎然的生态水景。

常见的水草肥料类型及用法：

液肥

以溶液的方式添加至水族箱中。由于营养元素都是以溶解的离子形态添加在水族箱中的，因此这种液肥对于水草的吸收与利用是最高效的。可以快速改

良水草的营养状况，一般3~7天就可以看到效果。不利的方面是没有缓释效果，需要经常或定期添加。同时，藻类也可以很方便地吸收营养物质，因此过量添加是非常容易引起暴藻的。因此需要科学地计算添加剂量。

基肥

以预先埋设的方式添加的固体肥料。有一定的缓释效果。市面上的品种与品类非常多。

营养元素往往需要溶解在水中才能让水草吸收。对水草根部的作用比较直接。当然水草可以借由叶片来吸收，但是根部的吸收作用也是不可忽略的。缺点是作用周期较长。但同时也由于其溶解作用周期较长，因此不太容易引起暴藻。

根肥

与基肥的作用形式几乎是一样的。一般作为开缸后，水草缺肥时，以直接塞入底床的方式来进行的。多以块状、条状为多，方便添加。

开缸前期，底床的肥性相对充足，对液肥的需求量不是很大。可以根据水草的状态来少量甚至不添加液肥。如果发现水草失绿、叶色发白、生长缓慢、缩顶等，排除水质、CO_2等因素外，就需要考虑是否缺乏营养素，适当添加液肥会有所缓解。可以添加综合肥或平衡肥等液体肥料，优秀的液肥合理地搭配了水草生长所需要的必需常量元素。还有一些水草添加剂，促进水草的必须元素吸收效率。

进入中后期，底床的肥性逐渐变弱。就需要我们在日常的保养中添加肥料了。添加液肥和根肥都可以。根肥有一定的缓释效果，且不容易暴藻，但是在添加的时候有一定难度。液肥需要留意添加的量，防止暴藻。注意营养素的均衡。饲养鱼只数量较多的水族箱可以少添加氮肥及磷肥，适当补充钾肥及微量元素。鱼只数量较少的缸体，如发现氮磷不足也可适当增加喂食量。

（五）水草的
修剪维护

在我们的精心布置和细心维护下，水草日渐茁壮，呈现出一片欣欣向荣的景象。但是随着时间的推移，水草会越长越高，甚至有一些枝叶已经开始漂浮在水面，严重遮挡了光线的照射，对低矮的前景水草构成了威胁。更重要的是，这时水草的长势已经逐渐与最初的设计想法有一些偏差了。如果发生了这样的情况，说明着我们的维护进入了下一个阶段——水草修剪。

修剪水草时，水草修剪工具是必不可少的，很难想象我们徒手修剪水草是什么样的一个状态。得力于水草器材的完善，现在我们可以轻而易举地在水族市场上买到各式各样的水草修剪工具。工具的多种多样虽然给我们选购水草修剪工具提供了极大的便利，但也为我们如何挑选水草修剪工具造成了一些困惑。水族市场常见的水草修剪工具包括这些：直剪、弯剪、波浪剪和弹簧剪。其他类型的剪刀是基于这几种剪刀的改良类型，只适合在极其个别的情况下才有使用空间。那些异形剪刀，随着我们水草造景技能的提升，等到我们需要它们的时候再进行选购也为时未晚。在选购水草修剪工具时，尽量选择优质的不锈钢质地的水草修剪工具，它们不会因为长期的水中操作而生锈变得钝拙。

下面就对常用的修剪工具进行一些介绍，为大家选购水草修剪工具提供一些参考依据。

直剪：这是如今水族市场中最为常见的水草修剪工具。随便进入一家水族店都能购买到。这种工具这么普及也跟直剪在水草修剪中的万能身份有关系，直剪可以垂直使用，将有茎水草修剪得稀疏有序；也可以倾斜使用，对有茎水草的高度进行整理；还可以水平使用，修剪前景水草；或者也可以对皇冠类和蕨类水草进行逐叶精细地修剪。

弯剪：从直剪改进出来的一类水草修剪工具，将刀刃进行弯曲处理，这样拥有曲线的刀刃在修剪的时候，可以让刀尖部分的视线加大，可以更清楚观察修剪水草周围的情况。在修剪前景草的时候，我们手

臂不用与底床平行就可以轻而易举地修剪前景草的高度。除此之外，弯曲的刀刃可以把有茎水草轻松地修剪出弧度。

波浪剪刀：外型上非常有趣的一种剪刀，侧面看他呈现出优美"S"形，这个设计让刀尖部分的视线变得更加空旷辽阔，对有茎水草进行"打薄"处理的时候更加方便，但这些都不是它最大的特色，波浪剪刀在修剪大面积前景水草的时候，表现卓越。对前景草的塑形，因为波浪剪的出现，变得非常容易。

弹簧剪刀：最大的特点在于剪刀手柄部位用两个交叉的弯曲钢片组成，加上其小巧的身形，使其可以修剪任意方位，手部稍微用力，刀刃就会闭合，轻

轻松开，借助弯曲的钢片的韧性，自动将刀刃打开，这大大减少了修剪水草时手部的动作。弹簧剪刀在修剪莫丝时表现出其他剪刀不具备的优点，一经问世，很快被冠以"修剪莫丝利器"的称号。

七

藻类

（一）藻类生物

伴随着水草造景给我们带来的无限快乐的同时，水族箱内的藻类的出现，让我们防不胜防。这类不经意间就会出现的小东西，它们生命力的顽强与其自身的进化历程同样会让你瞠目结舌，这类没有真正的根、茎、叶的真核生物，竟然对整个生命体的进化作出过伟大的贡献。

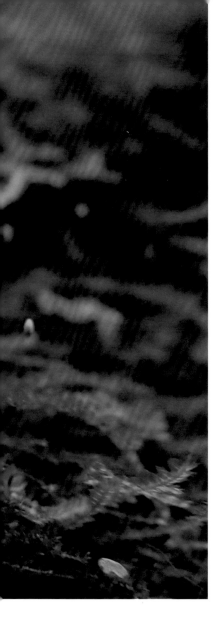

　　藻类中的蓝藻的出现，对植物演化是一个无法用词汇形容的飞跃。因为蓝藻含有叶绿素，能制造养分和独立进行自我繁殖。使得蓝藻能够摄取地球大气层中的二氧化碳，通过叶绿素和阳光进行光合作用，放出游离氧，使地球大气中的氧气含量逐渐增加，为生命体的进化提供了必要的条件。这些比人类进化史要长出百倍千倍的生命体，至今依然能够存在，正因为如此，所以水族箱内藻类的存在是很难消除的。

　　时至今日，网络环境的蓬勃发展，为世界各地的水景设计师和水景爱好者们提供了方便的交流平台，藻类的防治也是讨论的焦点之一，虽然我们已经达成了一些基本的共识，了解了大多数的藻类在水族箱中形成的原因和治理的办法，但是还有一些问题仍然无法最终解决。近些年来国内的一些水族还好者和水族用品生产厂家，也开始参与到藻类的防治研究中，不乏一些严谨的结论和优秀的藻类防治产品。对于藻类的防治我们目前总结出几大类方法，即：生物防治法、物理防治法和化学防治法。

七
藻类

（二）藻类防治的办法

1. 生物防治法

生物防治（biological control）就是利用一种生物对付另外一种生物，以达到控制另外一种生物的方法。这种防治技术在农业上已经得到广泛的利用，而且发挥了不可小觑的作用。水景设计师将这种治理引入水族箱内，以模拟自然界的生物循环方式。事实证明生物防治法对水族箱内环境影响小，能发挥持续控制作用。不过，生效慢，是这个防治办法最大的缺点。目前水族箱内生物防治常采用食藻类鱼、虾、螺等生物，在水族箱内建立起模拟自然的食物链。这里的防治生物也被称为工具生物。

生物防治法常使用如下生物，对藻类进行抑制。

小精灵
Otocinclus affinis

学名耳斑鲶，体长4~6厘米左右，原产于南美洲巴西东南部地区。棕灰色的身体，从眼睛到尾柄部有一条贯穿的纵纹。此鱼喜欢用嘴上的吸盘，舔食水族箱中的各种苔藻类。有些板口鲶会吃水草，但耳斑鲶却不会，草缸大可放心饲养。此鱼体形细小，能游入极为狭小的空间，吃尽苔藻，同时也可将水族箱内最使人烦恼的蜗牛卵吃得一干二净，进而控制蜗牛的数量，绝对称得上是水族箱中最佳的清洁工。因此鱼主要以藻类为食，当水族箱中缺乏藻类时，极易生病死亡，某些个体会主动食用饲料屑。适宜温度为22~30°C，喜弱酸性软水，最好饲养于有密植水草并有光线照射的水族箱中。此鱼性情温和，不吃鱼虾，能与大多数性情温和的小鱼混养。

小精灵的口型成吸盘状，因此比较合适清理斑状、膜状的藻类。对绿斑藻和褐藻等附着藻类有较好的处理效果。但对丝状、毛状的藻类有些无能为力。

黑线飞狐
Crossocheilos siamensis

黑线飞狐是很好用的草缸食藻鱼。原产于东南亚，呈灰褐色，体态细长，亦可观赏。黑线飞狐在20世纪70年代被发现，鱼体纤细，灰褐色，带着特殊的黑色水平条纹。它的最大长度可达15厘米，如果饲养正常，在两年内就能达到。但在通常水族箱饲养的情况下，它们生长缓慢，无法达到这个长度。它们寿命超过10年，因吃黑毛藻而获得青睐。

黑线飞狐并不挑食。一般的鱼粮、藻类饲料和黄瓜切片均可。

但在实际的饲养过程中，发现黑线飞狐对黑毛藻、刚毛藻的啃食效果并不是十分理想。对丝藻的啃食效果比较理想。因此如果想通过黑线飞狐来控制藻类的话，需要保证一定的数量，同时控制投喂以保证黑线飞狐的工作积极性。

黄金胡子
Ancistrus sp. temmincki

这是一种产于南美洲的吸甲鲶科的鱼，喜弱酸性软水水质，适宜温度为22~30℃，体长11厘米左右，成鱼会更大。通体金黄色，胸鳍、背鳍宽厚，依靠嘴部洗盘对缸

壁和素材上的细小藻类啃食，食量惊人，控藻作用极其明显。但是因为外形与其他常见观赏鱼差别太大，不经常被使用在水草造景缸中。

小猴飞狐
Crossocheilus sp.

原产于泰国湄公河流域及湄南盆地。小猴飞狐细长的身体上有着与白玉飞狐类似的网状纹路，在尾柄上有一明显的大黑斑，喜欢生活在流速稍快、充满砾石的溪流河床上。它们虽然会食用其他混养鱼类的人工饲料，

但还是会一刻不停地四处搜寻藻类食用，对于清除缸内藻类相当有一套。

小猴飞狐是近几年才出现的食藻工具鱼。与黑线飞狐类似。除藻效果，特别是针对黑毛藻优于黑线飞狐。

黑壳虾
Atyoidea

从严格的意义上讲，这并非是某一种虾的学名，我们用它泛指成虾体长介于2~3厘米的小型虾科虾类。包括数百种虾类。它们都有共同的特点：以腐食和藻类为主要食物来源，体色表现丰富，繁殖速度快，广泛分

布在江河、溪流、池塘等野外水系中。这类虾还会被作为食肉性观赏鱼的饵料出现在水族市场中。这些特点决定了它们成为非常重要的水族箱藻类防治生物。

大河藻虾
Caridina japonica

大和藻虾通体透明，全身遍布红色斑点，仔细观察它还是具有一定的观赏

性的。一般而言，大和藻虾除了觅食
藻类外，也进食浮游生物、饲料碎
片。大和藻虾食欲相当旺盛，一天中
不停地进食，当食物不足时，容易由
于营养不良引发疾病造成死亡。这
时，大和藻虾可能转而摄食水草的嫩
叶或腐叶。曾经有过大和藻虾大量进食自然界河内水草，危害本土生物的记
载。所以，在寄希望它清除藻类的同时，也要兼顾投放一些饲料，以维持它正
常的生活状态。

　　大和藻虾的雄雌相对容易分辨，身体上红色斑点规则地呈线条状排列的为
雌虾，不规则的则为雄虾。大和藻虾由于属于汽水虾，在自然界中幼虾脱壳后
会随着水流到达近海洋的盐水水域。因而，任何在淡水中繁殖的尝试都只能以
失败告终。

苹果螺
Planorbarius corneus var

　　苹果螺是由德国渔场人工选育出来的水族专
用螺类。原种为产自欧洲到中亚一带的平角卷
螺。苹果螺壳呈淡黄色透明体，螺肉体为柔软红
色，生活在水流缓慢、水藻丰富、需要一定硬度
的水质中。苹果螺可以处理缸壁上的苔藻，但非
常有限。苹果螺适应能力较强，繁殖速度惊人，
在水族箱中，我们不建议依赖苹果螺进行藻类的
防治。

　　总体来讲，工具生物的使用可以起到一定的防
治作用。但是并不是万能的。在使用工具生物的同
时仍需要留意定期换水等日常维护工作，使水族箱达到最完美的观赏效果。

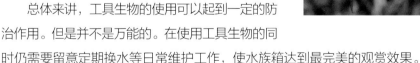

2. 物理防治法

物理防治法是利用简单工具和各种物理因素对藻类进行有效地治理。包括最原始、最简单的徒手清除，以及近代物理最新研发的运用，可算作古老而又年轻的一类防治手段。传统的手工除藻方式因为费力、效率低、不易彻底等缺点被水族爱好者和水景设计师所烦恼，但这并不妨碍物理防治法在水族缸中延续。

常见的物理防治工具如下：

刮藻刀

是刮掉水族箱玻璃面上附着藻类的专业工具。由刀柄、刀片和刀拖组成。方便使用，但是对水族箱角落的藻类和硬景观上的藻类无法清除。

藻刷

由清洁网、磁铁和把手组成的简单工具，充分地利用磁铁的异性吸附原理，可以同时清理水族箱内外壁的一种工具。使用时只需将其中带有清洁网的一块放入水族箱内，另一块在缸外即可吸附在一起，移动外面一块的同时带动里面一块，获得水族箱里外一次性清洁的效果。

刮藻铲

是用于清除沉木、石头等硬景观上顽固藻类的专业工具。它能够轻而易举地除去黑毛藻、钢毛藻等藻类。特别是在硬景观搭建时使用的素材上，常有些自然的洼坑，用刷子难以除掉这些细小地方的藻类，使用专业刮藻铲能取得良好效果。

水族用杀菌灯

水族用杀菌灯是由包括紫外线杀菌灯和特制的石英外壳组成的一个装置。该装置放置在水循环设备的出水端。当水从一端流向另一端时，流经的水就会被不可见的紫外线消毒，消毒的效果跟暴露于紫外线下的水体时间长短及紫外线的强弱有关。这个装置是利用了紫外线能够破坏DNA的复制、繁殖的原理。当水中的细菌、病毒、藻类等受到一定剂量的紫外线照射后，其细胞的DNA、RNA结构被破坏，细胞再生无法进行，从而达到水的消毒和净化。水族杀菌灯对藻类孢子杀灭效果非常显著，而且能够有效杀灭水族箱内的有害病菌，对观赏鱼细菌感染也有显著效果。

牙刷

是的你没看错，就是用于清洁牙齿的废弃牙刷，实际上牙刷对清理水族箱缝隙的藻类和硬景观表面的藻类，特别是水族箱玻璃的交接部死角的藻类非常有效，而且对难缠的丝状藻类的清除也是事半功倍。更主要的是，这件工具唾手可得。

3. 化学防治法

化学防治法是按照有害生物的发生规律，利用化学药剂对其进行防治的方法。虽然这种办法见效快，能在短时间内减轻或消除有害生物的危害，但是我们不推荐使用。因为化学试剂的添加会短时间内改变水质，从而造成其他生物的不适甚至死亡。而且在添加时有严格的剂量要求，我们常常看到一些人抱怨在水族箱中添加了除藻剂后，导致一些脆弱的水草死亡的情况。

七
藻类

（三）出现藻类的成因

对于一个新入门的水草造景爱好者来说，在设计水草造景缸的过程中，未免会遇到各种各样的藻类"侵袭"，该如何应对、如何预防与清除，也是一个水草造景缸是否成功的重要因素，因为藻类也是生物的一部分，它无时无刻都存在水草缸中，我们不要一遇到藻类就不知所措，水草造景缸出现一些藻类也是正常情况，在不影响水质和水草生长前提下有效控制就好。

在保持良好的维护习惯，定期进行物理防治并配合有规律的换水，长期防治上依靠生物方式，大部分情况下藻类不会影响到我们的观赏。但是无法避免的一些情况，导致某种藻类的爆发，我们可以根据具体情况进行有针对性的治理。

我们总结一下水族箱中常见的藻类以及具体治理方式方法。

绿水

很多水族爱好者，特别是水景爱好者可能都遇到过这样的情况：在水族箱内，原本清澈透明的水体，在没有换水的情况下，突然感觉不够透亮，并逐渐呈现出雾蒙蒙的绿色，这就是出现了我们俗称的"绿水"。在自然界中也有类似的情况发生，在自然水系中因为人为生活及工农业生产中产生大量含有

氮、磷的废污，水进入水体后，蓝藻、绿藻、硅藻等藻类成为水体中的优势种群，大量繁殖后使水体呈现蓝色或绿色，这种现象被称为"水华"。经过科学研究发现 "水华"会对饮用水源造成巨大的威胁，直接威胁人类的健康和生存。

首先，水草种植时采用正确的种植办法，而且水族箱底床水草密植，避免底床直接裸露在水体中，在条件允许的情况下使用大量的速生有茎水草作为控制藻类爆发的工具水草栽培。其次，是良好和稳定的生物过滤功能的建立，这些是切断绿水爆发的必要条件。最后，良好的维护习惯，定期换水，如果条件允许的话使用水族用杀菌灯，上述方法并行使用时，效果更好更显著。

水绵

这是一种丝状藻类，很多水族爱好者容易将水绵和丝藻混淆。其实仔细观察很容易发现它们之间的区别，虽然水绵也是附着在底床和硬景观上及生长速度较缓慢的水草表面，但水绵的长度只有5厘米左右，而且水绵多以"团状"形式出现，由于藻体表面有较多的果胶质，所以用手触摸时颇觉黏滑。自然界中很容易在溪流的岩石上看到深绿色或者褐色的水绵。

水绵的治理相对来说也比较简单，我们可以利用它可食用且无毒的特点，采用生物治理法，放入食藻类鱼虾对其进行有效地治理。当发生面积较小的时候，手动清除的办法也是可以使用的。将带有水绵的水草修剪掉是快速的物理治理办法。水族杀菌灯对付水绵也有一定的作用。

绿斑藻

有爱好者反映，他们的水族箱缸壁上有一种深绿色的斑块，质地很坚硬，用指甲才能抠下来。这也是一种藻——绿斑藻。这种直径在0.01~0.3厘米的斑状藻类，喜欢较强的光线，除了在水族箱缸壁上出现，也常见于生长速度较为缓慢的水草叶面。

目前的研究没有明确地指出绿斑藻的危害，只是因为其在水族箱缸壁上的出现，影响观赏，特别是水草景观。绿斑藻的出现确实非常影响观者对水景的正常观赏，所以要及时去除。

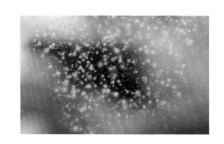

清理绿斑藻的办法有几种，水草景观条件允许的情况下，可适当降低人造光源强度或照射时间。如果水草品种对光照强度要求较高，我们可以使用刮藻刀清理掉水族箱表面的绿斑藻，对于水草上的绿斑藻，我们可以将长有绿斑藻的叶面修建掉。另外，螺类生物也是对付绿斑藻很好的选择。

钢毛藻

这实际上也是一种丝状藻，可摸起来并没有水绵一样的滑滑的感觉，会有坚硬的感觉。

这种藻类属于高等藻类，其体内含有的叶绿素跟高等植物是一样的，而且基部细胞有假根或呈假根状，可以附着在基质上。钢毛藻对于CO_2浓度较低的水质适应能力非常强，当水体中CO_2含量不足时，钢毛藻可以迅速地利用碳酸氢根来充当碳元素的来源，而不像其他水草还需要一段的时间来适应。

钢毛藻主要生长在直接受到光照的硬景观的介质上，在严重的情况下，也会长在水草上面。不过钢毛藻通常会聚集在某个位置，很容易加以移除。大部分工具鱼，对钢毛藻没有兴趣，我们可以通过手工摘除或者药剂的局部喷射的办法进行根除。

蓝绿藻

蓝绿色膜状，覆盖在裸露的底床、水草和水族箱缸壁上，有轻微的腥臭味道，这就是蓝绿藻，也称蓝藻，我们因为其像薄膜一样可见，又称为绿膜藻。

蓝绿藻由于蓝色的有色体数量最多，所以我们看到的大多表现出蓝绿色，个别情况成黄绿色。蓝绿藻是地球上的最早的原核生物，大约出现在38亿年前就已经有它们的身影，蓝绿藻为自养形的生物，它的适应能力非常强，可忍受高温、冰冻、缺氧、干涸及高盐度，强辐射它均能生存。

蓝绿藻可以用换水、减少光照强度等物理方式来清除，也可以使用螺等生物治理方式对付蓝绿藻，但如果水质没有配合改善的话，很快又会死灰复燃。蓝绿其实也算是真菌类，所以可以用一些抗生素类药物，例如，红霉素，每次使用0.25ppm，连续使用四日即可。

丝藻

长度可达30厘米的细丝状藻类，经常生长在素材和叶片的边缘部分。德国水族爱好者认为丝藻是水质良好的评判标准。丝藻的形成跟水体中铁元素过量有关。保证适量的肥料添加是解决丝藻的根本办法，依靠大量的食藻虾类可以有效地控制丝藻。手工清除丝藻可以利用牙刷等工具，将丝藻缠绕成一团，然后将其与水草断离。

矽藻

因为其颜色褐色，也被我们称为褐藻。这种广泛分部于海洋、河流和湖泊中的藻类，是地球氧气主要生产者之一。其硅化的细胞壁形成小盒子似的壳体，上有许多复杂细致的花纹，故有"海洋宝石"之称。硅藻是许多动物直接或间接的食物。硅藻土为硅藻化石组成，用作过滤剂、绝热材料、研磨料、油漆充填剂、清漆原料等。

硅藻的生长跟水中以游离氨和铵离子形式存在的氮有关系，这也解释了为什么硅藻都在水草景观建立的初期光顾我们的水族箱，这类藻类我们不用刻意地清除，建立良好稳定的硝化系统是解决硅藻最有效的办法。可以适量地在水族箱中添加硝化细菌，来加速硝化系统的建立。

鹿角藻

静止状态时，鹿角藻的外观非常像雄鹿的鹿角，多呈现黑褐色。在流动的水中容易与黑毛藻混淆，分枝状是区别鹿角藻和黑毛藻的主要办法，鹿角藻都带有分支，且长度比黑毛藻长很多。鹿角藻经常缠绕在水草中生长，少量发生时手工清理很容易。

鹿角藻的发生原因也跟水质中以游离氨和铵离子形式存在的氮有关系，但主要在中后期发生，过量投食是主要的原因之一。保证正确的日常维护，可以减少鹿角藻发生的可能。鹿角藻的爆发原因，和水质偏碱性也有关系，水草景观中大量使用石材是导致鹿角藻爆发根本原因。条件允许的情况下尽量使用弱酸性软化水，也可以在滤材中添加软水树脂来改变水质，同时适量增加水体中的CO_2容量，对改变碱性水质也有帮助。

黑毛藻

这是世界公认的最难处理的藻类，黑毛藻外形非常像皮毛，长约 0.3厘米，大多丛生在大型水草叶边缘，也会密集地生长在水族箱内任何角落，黑毛藻有强大的附着力。黑毛藻几乎能直接或间接利用所有可见光，以致在任何形式的光照下，它依然可以生存得很好，其光合作用的效率让水草望尘莫及，而且很多食藻生物也对这种藻类不产生任何兴趣。这是黑毛藻让我们觉得难缠的原因。关于黑毛藻的形成原因，至今仍是讨论的焦点。持续多年的论战留给我们一些治理黑毛藻的思路。黑毛藻跟水体中CO_2容量波动和水酸碱度波动有很大的关系。稳定的CO_2添加和稳定的pH值对黑毛藻有一定的作用，当然这个结论还需要更多的科学验证。

目前最好的治理黑毛藻的办法，也是我们非常希望使用的办法——化学防治法。采用浓度在2%的戊二醛对黑毛藻进行点对点的喷射，效果极其明显。但对其他低等水草和鱼类有一定影响。对长有黑毛藻的水草进行修剪也是一种办法，但对于硬景观上的黑毛藻处理，目前没有太好的办法。需要用刮藻铲逐一进行清除。

（四）总结

以上是对一些藻类及其防治办法的介绍，在水草造景的整个过程中，我们都会遇到各种各样的藻类，下面这个藻类成因和治理对策的表格，会让你对这些藻类有着更多的了解。

水草与藻类永远处于一种博弈的状态，此消彼长，水草状态好，藻类自然就会得到遏制；而当藻类肆虐的时候，你会发现水草绝对不会处于最佳状态。保证正确的水草造景维护方式，定期对水族箱换水并保证水质的稳定，适量添加肥料，加上稳定的CO_2和光源供应，是有效地防治藻类的手段。

藻类名称	出现原因	对策
绿水	光照过强 硝化系统未建立或遭到破坏 基肥瞬间释放导致藻类爆发	投入硝化细菌加速硝化系统建立。 减少投喂，降低鱼只密度 使用水族UV杀菌灯 降低光照强度和减少光照时间
水绵	磷肥过量 光照过强	定期换水 投入大量食藻类生物 使用水族UV杀菌灯
绿斑藻	养分过剩或养分不均匀 光照过强 CO_2浓度过低	投入食藻螺类生物 降低光照强度和减少光照时间 手动清除
钢毛藻	氮及磷肥丰富 CO_2浓度过低	手动清除 使用戊二醛喷射
蓝绿藻	磷肥过剩，氮肥不足 水质硬度过高	局部使用抗生素药剂 使用软化水质滤材降低水质硬度
丝藻	光照过强 CO_2浓度过低 肥料过剩	定期换水 投入大量食藻类生物 手动清除
矽藻（褐藻）	消化系统未建立或遭到破坏 硝酸盐浓度偏高	投入硝化细菌加速硝化系统建立 减少投喂，降低鱼只密度 密植水草
鹿角藻	水体循环效率低 CO_2浓度过低 水质硬度过高	增加水流量或清洗滤材 使用软化水质滤材降低水质硬度 手动清除
黑毛藻	水质酸碱度波动 CO_2浓度不够	手动清除 使用戊二醛喷射

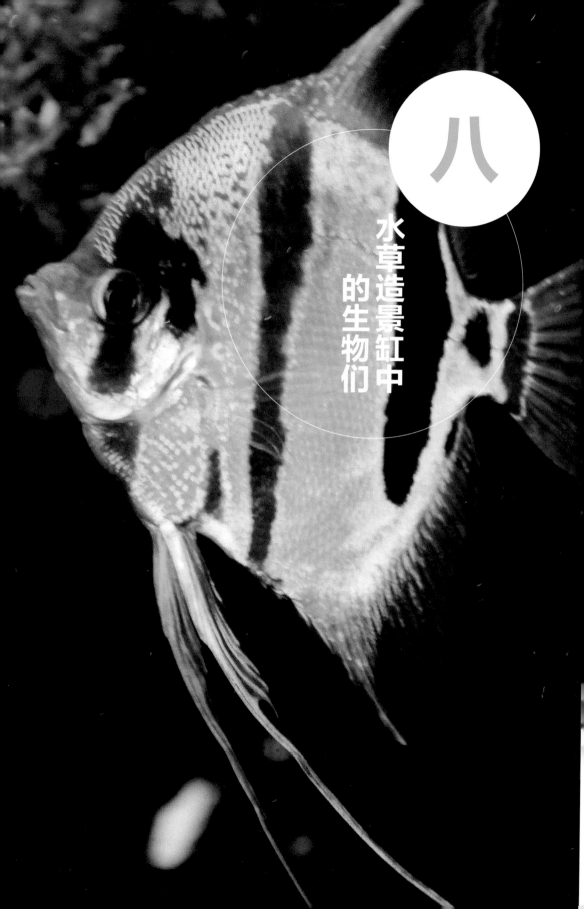

八

水草造景缸中的生物们

　　一个完美的水草造景景观，除了防治藻类的工具鱼外，还需要观赏鱼来装点。适合和适量的观赏鱼，会给水草景观起到锦上添花的效果，让整个水草造景生动鲜活起来，观赏鱼的添加也使整个水族箱成为一个小的、人造的、模拟自然的生态系统。

　　全世界的鱼类，已命名的有5万种左右，由于生存条件不便于水族箱饲养等原因，可供观赏的包括海水鱼，淡水鱼有200~300千种，又因为一些地域人为审美标准的要求，实际普遍饲养的观赏鱼在500种左右。在世界范围内的观赏鱼市场中，通常由三大品系组成：即温带淡水观赏鱼、热带淡水观赏鱼和热带海水观赏鱼。

（一）水草景观中观赏鱼选择

水草景观中适合饲养什么类的观赏鱼呢？我们先来看一下水草景观的水族箱内的水质情况。为了更好地适应水草的生长，我

们的水族箱大多数都是偏酸性的软化水质，这符合大多数水草的原始生存环境的水质，这使得我们在选择观赏鱼时，最好也选适宜偏酸性的软水质。而且大部分水草在25℃左右的水温中，光合效率最高，选择的鱼只应该能在这样的温度区间存活。另外，为了给水草提供充足的CO_2，进行光合作用，水族箱内CO_2溶解量较高，应该选择耗氧量小的鱼只。最后，鱼只的食量尽量要小，大量的饵料投喂和较多的鱼只排泄物会导致水质的恶化，造成藻类的爆发。体长在2厘米左右的小型鱼只，食量和耗氧量相对较小。综上所述，我们需要一些可以健康生活在偏酸性软水中，且温度需求在25℃左右的小型观赏鱼，这类观赏鱼最适合水草景观。

如果按照上面说的标准去水族市场购买热带观赏鱼的话，水族店的商人们极有可能向您推荐"灯科鱼"，这里的灯科鱼，学术上并不存在，它的命名并非按照生物学上的物种划分，而是主观地将部分的脂鲤科、花鳉科和其他科目的一些极具观赏价值小型热带观赏鱼统称为灯科鱼。这类鱼体色鲜亮，犹如彩色的荧光灯一样，所以被人们称之为"灯科鱼"。但是，请不要因其靓丽的外表和商人的劝说，盲目地选购"灯科

鱼"，因为不是所有的灯科鱼都适合作为水草景观。部分"灯科鱼"喜欢较暗环境，或者属于底栖鱼类，甚至有部分"灯科鱼"是食草的。喜欢较暗环境的"灯科鱼"会经常躲藏在水族箱的角落，在光线亮的区域会明显不适。底栖"灯科鱼"会搅动底床，影响根系短小的前景草扎根。食草类的"灯科鱼"如果进入水草景缸相信你能够想象得到，一夜间漂亮的水草造景会变得面目疮痍。

为了方便您选择水草景观需要的热带观赏鱼，我们下面将推荐几种非常适合的热带观赏鱼。

宝莲灯
Cheirodco axclrodi

科种：脂鲤科

产地：巴西、哥伦比亚、委内瑞拉境内的流速缓慢的河流里

水温：23～28℃

水质：偏酸性软水

食物：投喂水蚤、线虫和人工饲料

这种原产于巴西、哥伦比亚和委内瑞拉的小型热带观赏鱼，现如今是水草造景中普遍饲养的观赏鱼之一。备受水景设计师和水草造景爱好者们喜欢，它闪烁着金属的光泽鱼身和艳丽的体色十分吸引人。

宝莲灯鱼最大体长约4厘米左右、纺锤形，鱼吻圆钝，臀鳍延长，尾鳍叉形。宝莲灯鱼体色艳丽，背部呈黄绿色，腹部乳白色。最显著的特点是从鱼吻上缘到尾柄有两条较宽的明亮纵带，上方纵带呈蓝色，下方纵带呈红色，十分醒目。在光照条件良好的情况下，宝莲灯游动时体色会因为鳞片的反色呈现绚丽的颜色变化。

要注意的是，跟宝莲灯外形相似的鱼还有红绿灯（Paracherirodom innesi）和绿莲灯（Paracheirodon simulans）。

红绿灯（Paracherirodom innesi）主要产地跟宝莲灯鱼相同，主要区别在于腹部白色区域面积，红绿灯的腹部白色区域较宝莲灯更大，红色纵带表现

三角灯
Rasbora Heteromorpha

科种：鲤科

产地：泰国、马来西亚、印度尼西亚淡水中

水温：20~26℃

水质：偏酸性软水

食物：投喂水蚤、线虫和人工饲料

　　健康三角灯鱼体呈梭形，体宽偏扁，叉形尾鳍，原生环境中最大体长可达5厘米左右，三角灯的背鳍，尾鳍呈红色或橘黄色，臀鳍呈白色，胸鳍和腹鳍无色透明。背鳍和腹鳍之间的鱼身中部位置到尾部呈现一个蓝色或黑色的三角形图案，这个三角形的区域的显著特征，让它有了三角灯这样的名称。

　　三角灯鱼性情温和，适合水草景观中作为主要观赏鱼出现，目前市场人工繁殖成活率高，市场价格能够被大家接受。

红鼻剪刀
Hemigrammus rhodostomus

科种：脂鲤科

产地：亚马逊河流域的巴西、委内瑞拉境内

水温：20~26℃

水质：偏酸性软水

食物：投喂水蚤、线虫和人工饲料

　　因鱼吻部红色而得名红鼻鱼，鱼吻部的颜色表现跟鱼只健康状况及水质情

况有关。当水质和鱼只健康欠佳时，鱼吻部红色部分，会呈现粉红色、橙色，而且区域明显减小红鼻剪刀全身银白色，尾鳍上有黑白色条纹。性情温和，可与同体型同性格的小型鱼混养，群游效果极佳，也是水草景观中常用的鱼只。

白云金丝
Tanichthys albonubes

科种：鲤科

产地：中国广东

水温：18~26℃

水质：偏中性软水

食物：投喂水蚤、线虫和人工饲料

　　这是一种中国特有的热带观赏鱼，白云金丝鱼因最初发现于我国广州市郊白云山，所以英文译名为白云山鱼。目前仅分布于广东省白云山、花县附近的山溪中和海南等地。白云金丝在野外环境中已经很难发现其踪迹，被列为中国国家Ⅱ级保护野生动物。目前市场上看到的白云金丝，都是通过人工繁殖的。

　　白云金丝鱼鱼体呈梭形，全长3~4厘米。体色背部橙色且有蓝色光泽，腹部银白，鱼体两侧各有一条闪耀的金线。胸鳍无色透明，背鳍、臀鳍呈红色，且顶部有白色边缘，尾鳍分叉。体色有金属质感，色彩表现丰富，会根据水质环境变化而变。

橘帆梦幻旗
Hyphessobrycon amandae

科种：脂鲤科

产地：南美洲阿拉圭河流域

水温：23~29℃

水质：偏中性软水

食物：投喂水蚤、线虫和人工饲料

橘帆梦幻旗鱼体具有透明感，颜色呈橙色或红色，随着水质不同会有体色深浅不同的表现。仔细观察橘帆梦幻旗鱼透明的鱼体，会有金属一样的光泽，如同熔炉里流淌的铁水一般，游动时犹如一条喷射的火焰，因此也被我们称为"喷火灯"，橘帆梦幻旗鱼的体色与绿色水草形成鲜明的对比，而且个性温和，可以与大多数小型鱼混养。

黑莲灯
Hyphessobrycon herbertaxelrodi

科种：脂鲤科
产地：亚马逊河流域巴西境内
水温：23~27℃
水质：偏中性软水
食物：投喂水蚤、线虫和人工饲料

这个原产于亚马逊河下游沿岸热带原始森林水域中热带观赏鱼，因为体色的丰富表现被冠以很多的其他名称，"三带鱼""电管鱼""黑霓虹灯鱼""椭鱼"这些都是对它的称呼。黑莲灯鱼体色偏暗。体侧有三条横向条纹，最上条呈黄绿色，中间一条为银白色，下面一条为较宽的黑色带。鳍均为透明。在人工饲养条件下，黑莲灯鱼的黑色条纹会有丰富的表现。

红尾玻璃
Prionobrama filigera

科种：脂鲤科
产地：亚马逊河流域地区均有分布
水温：22~26℃
水质：偏中性软水
食物：投喂水蚤、线虫和人工饲料

红尾玻璃鱼体呈长形，侧扁，尾鳍呈叉形，鱼体呈透明状，其骨骼和内脏器官可观察到，其尾鳍为鲜红色，其余各鳍与鱼体一样呈透明状。红尾玻璃鱼以其独特的颜色博得热带鱼爱好者的喜欢。在野生环境中红尾玻璃灯鱼可以长到5厘米左右。红尾玻璃鱼性情温和，容易饲养，人工饲养下对食物没有任何挑剔，可以和大多数小型热带鱼混养。并且十分喜欢成群在水的中层游弋。

企鹅灯
Thayeria boehlkei

科种：脂鲤科

产地：巴西和秘鲁

水温：22~28℃

水质：偏中性软水

食物：投喂水蚤、线虫和人工饲料

体态修长而侧扁。鱼体腹部呈银白色，背侧及尾部有淡淡的黄色，体侧具有黑色横带状条纹，从鳃至尾鳍下叶。其余各鳍皆呈透明。性格温和群游效果佳。

蓝线金灯
Hemigrammus armstrongi

科种：脂鲤科

产地：南美洲的圭亚那

水温：24~28℃

水质：偏中性软水

食物：投喂水蚤、线虫和人工饲料

体色大致呈银灰色，鳞片有强烈的反光效果，侧面有一蓝色荧光细纹。蓝线金灯的眼睛上缘为蓝色，此鱼饲养容易，喜欢稳定安静的软水水质。

黄扯旗灯
Pristella maxillaris

科种：脂鲤科

产地：南美洲

水温：24~28℃

水质：偏中性软水

食物：投喂水蚤、线虫和人工饲料

　　黄扯旗灯鱼背鳍为黑色，前边缘有明显黄色条纹。脂鳍黄色，有黑边。臀鳍前方为黄色，后边缘为黑色。鱼体呈黄绿色，腹部呈银色，体长约3~4厘米。黄扯旗灯鱼原生环境为溪流和湖泊中，喜欢群体活动，性情温和，属杂食性。

玫瑰扯旗
hyphessobryccon rosaceus

科种：脂鲤科

产地：南美洲

水温：22~26℃

水质：偏中性软水至弱碱性水质

食物：投喂水蚤、线虫和人工饲料

　　鱼身整体呈纺锥形。身体颜色为浅红色，鱼体呈半透明状，鳃盖后缘体上有一块黑斑。腹鳍、臀鳍、和尾鳍下叶也呈玫瑰色，色彩容易随环境变化而改变。对水质适应能力强，野生环境下成体鱼体长可以达到5厘米左右。

蚂蚁灯
Boraras urophthalmoides

科种：鲤科
产地：柬埔寨和泰国
水温：22~26℃
水质：偏中性软水
食物：投喂水蚤、线虫和人工饲料

　　红蚂蚁灯鱼又称一线小丑灯鱼，鱼体呈现红色，鳍尖和根部成红色，有不显著的黑色轮廓，鱼体色有黑色横带状条纹，条纹从鳃部延伸至鱼尾部，且条纹有金属光泽。体型娇小，成年鱼体长在2厘米左右。性格温和。

帝王灯
Nematobrycon palmeri

科种：脂鲤科
产地：亚马逊河流域
水温：22~29℃
水质：偏中性软水
食物：投喂水蚤、线虫和人工饲料

　　一般体色呈橘黄色，体侧下半部有一条黑色条纹，背鳍和尾鳍会向后伸展，成年雌鱼和雄鱼眼睛的颜色有略微差异。帝王灯鱼鳞片能够反射出绚丽多彩的颜色，加之强壮的体态，显得鱼只高贵大气，具有帝王气质。帝王灯容易攻击个头比自身小些的其他观赏鱼，且有一定的领地意识。

　　上述介绍了几种适合水草造景作品的热带观赏鱼，相关介绍观赏鱼的书籍有很多，在此就不再一一列举，对于观赏鱼的习性还需要我们日后的饲养中不断地摸索研究。

（二）总结

在选择水草景观中的观赏鱼时，除了选择优良健康的品种以外，还要注意整体效果的考虑，尽量避免种类过多，这会让整个水草景观显得凌乱，影响最终的艺术效果。除了观赏鱼种类上的考虑，数量也需根据水族箱布景酌情考虑，在鱼只数量的安排上，有前人总结"1：1公式"，即每升的水体饲养1条1厘米的鱼。这样我们可以粗略地估计出水族箱饲养的观赏鱼上限。在多个种类观赏鱼一起饲养的时候，还要将每个种类观赏鱼的数量包括每种鱼只在水族箱中的上、中、下层的分布进行合理安排，让鱼群在水族箱内游动时，能从数量上有层次体现。另外切记需要合理的投喂，避免饵料和观赏鱼排泄物对水质的不良影响。

九

给初学者的一些建议

　　我经常收到一些水景爱好者和初学者求助信息，讲述他们在水草造景之路遇到的各式各样的问题，问我如何做一个美丽的造景作品。我非常愿意倾听并帮大家出谋划策，解决大家遇到的问题。我建议大家走出我们钢筋水泥的城市，到大自然中去走走，注意身边的一草一木，这样可以给自己带来灵感。也可以去模仿一些自己喜欢的作品。最好从小缸开始，去认识水草，认识各种藻类，我非常愿意将自己的经验分享给大家，让大家每个人心里都有那么一个小空间去创造大自然，感受大自然的魅力。

（一）小缸水草造景
步骤介绍

　　很多刚接触水草造景的朋友，会准备小尺寸的水族箱。因为刚接触水草造景，一切都无从下手，一片茫然，小缸的造景难度会小一些。上面的章节中详细地介绍了水草造景制作的过程，这个需要一段时间的经验和积累，不可操之过急。下面介绍一个小缸的造景过程，让大家了解到水草造景最初的建缸步骤以及成景的过程。

首先我们需要准备一些必备的设备和材料，如上图所示，包括：

- 31×18×24厘米敞开式水族箱
- 24瓦的水族灯
- 抛弃式CO_2套装
- 壁挂式瀑布过滤器
- 水草泥
- 能源沙
- 迷你矮珍珠水草
- 莎草
- 水草镊子和水草剪

按照上面的列表在水族市场，你可以轻易地找到这些东西，我们需要一块石头，大部分水族市场里也可以找到，当然我们也可以在大自然中寻找到这样的石材，石头大小在15厘米左右，当然石头的纹理质感越丰富，我们的水景也会更耐看，可以参考图片中的样子。

所有的准备工作都做好了，我们现在开始制作一个属于你自己的小型水草造景作品。

首先需要将新购置的水族箱擦洗干净，如果懂得一些简单的消毒措施那就更好了，可以对水族箱进行一次消毒处理。然后将水族箱平稳地摆放到规划好的位置。如下图所示：

将能源沙倒入水族箱中，用平沙铲将能源沙按照前底后高铺设在水族箱底部，厚度在2厘米左右。能源沙内含有大量腐殖质，长期从底部提供肥料给水草。一定要记得能源沙不要用水清洗。

能源沙铺设完毕后，我们在能源沙上面铺设水草泥，水草泥也按照前低后高的方式铺设，水草泥需要铺满水族箱底部，我们也可以用平沙铲将水草泥按照前部高4~5厘米左右，后部高7~8厘米左右进行铺设。

水族箱的底床我们已经铺设完成了。下面我们要进行主体景观的摆放，我们将石头放在水草泥上，用我们的构图理论，把石头按照我们想要的构图进行摆放。如下图所示：

根据素材的纹理和方向，让这块石材有一种稳定感和美感。

245

选择你自己最喜欢的一个造型。如下图所示：

确定摆放位置后，需要对水族箱内进行喷水处理，然后注入少量的水为种植水草做准备，对水族箱内喷水，是为了增加水草泥的湿度，不至于在注水的时候，使一部分水草泥漂浮起来。

喷湿的过程我们可以用绿植浇水用的喷壶。如下图所示：

注水的时候尽量轻缓操作，避免底床被过快过大的水流冲乱。我们可以借助于一些家中常用的工具如报纸、塑料袋之类的东西作为缓冲水流的障碍物。如下图所示：

当注入的水位超过水草泥后，接下来我们应该整理下我们的水草了。

首先我们把水草放在静止的清水中浸泡一会，让一些坏死的叶子漂浮起来，这些坏死甚至腐烂的茎叶我们不需要它们出现在水族箱中。

然后轻轻地将整盆的迷你矮珍珠草拆分成硬币大小的一丛，便于我们种植，如下图所示，就像这样：

然后我们把莎草也按照同样的办法处理，我们需要将莎草分割成一丛一丛的样子，如下图所示，就像这样：

　　在分成小块儿的时候尽量避免水草根部的损伤，损伤越小，你的水草进入生长状态越快。分好后如果不能马上开始种植的话，要注意对水草进行保湿处理，对水草喷些水就可以了。

　　接下来用水草镊子将水草种植在水族箱的底床上。如下图所示：

将镊子夹住迷你矮珍珠水草的根部，轻轻深入水草泥中，让叶片露在水草泥外，轻轻松开镊子，如此反复，将所有的迷你矮珍珠水草种植在水族箱的前部和中部，把后部的位置留给莎草。

　　种植莎草时，用镊子轻轻夹住莎草的根部，轻轻深入水草泥中，让根部不再裸露在水草泥外就可以了，注意一下种植的位置，在石头的后方种植莎草，其他空白的地方种上莎草。这样会让你的水草长出来之后更富有层次。

　　所有的水草都种进去之后，继续按照上面的办法往水族箱内注水，直到注满水族箱，这时候水面会有一些漂浮的水草叶子，用鱼捞将碎叶捞出。如上图所示。

　　如上图所示。你的第一个水草造景已经制作完成，是不是很漂亮，但这时候离最终的成景还有一段距离，水草还不是很饱满，水草泥都裸露出来了，我们给水草一些时间，让他慢慢生长，爬满你的水族箱。

　　接下来，我们需要的是一段时间的维护与等待，在此期间，我们需要提供给水草需要的养分，它们才会健康地成长，我们选购的水草灯，瀑布过滤器和CO_2套装到了他们发挥作用的时候了。

　　将水草灯夹在水族箱边缘，让光线直射在水族箱内。初期注意光照时间，刚开始的时候我们每天对水草照射6个小时左右就足够了，逐渐增加到8个小时。

　　将瀑布过滤也挂在缸壁上，让水循环流动起来。

　　按照说明书安装CO_2设备，并将CO_2出气的细化器固定在缸壁内侧，让水流可以带动游离态CO_2在水族箱内游荡。

　　在精心维护下，1个月左右的时间，你的水族箱就会爬满翠绿的水草，在此期间我们要做的事情就是每周换掉水族箱内1/3的水。

　　在经过一周的时间后我们可以往水族箱内投放虾，进行对藻类的防范，一般在建缸一个月左右的时间，我们可以挑选少量的观赏鱼放在水族箱中。如下图所示。

    等待了一个月之后，水草确实爬满了水族箱，这时候一般会有藻类的侵袭，水族箱玻璃壁上会有些绿色的斑点，这时候用刮藻刀可以去除。如下图所示：

水草经过一段时间地生长，看起来有些凌乱了，下面就要拿起水草剪按照我们自己的思路进行修剪，迷你矮珍珠当长到一定厚度，下面的叶片会遮光甚至腐烂，所以要进行"去薄"修剪。如下图所示：

修剪完的水草看起来整齐很多，而且视觉上也舒服多了，把漂浮在水面的水草叶子捞出。

　　最后，就到了跟家人一起分享你的第一个水草造景作品的时候了，青翠欲滴的草坪，飘逸的莎草，灵动的观赏鱼，石头上不停寻找藻类的虾。如此的和谐自然，赏心悦目。

　　从现在开始你有了属于自己的第一个水草造景作品了。

（二）寄语

　　水草造景这门新兴的艺术门类，还要经过大家不断的学习与探索，很多朋友会希望我给大家一些建议，一时也不知从何说起，也是怕误人子弟。曾经听过一句话："心态决定命运"，我非常喜欢也非常认同这句话，所以我就从"心态"层面上开始，给大家一些寄语。

平心静气的开始

　　和很多水景爱好者一样，我们接触到水草造景一段时间后，不约而同地赋予过水草造景更多的目的性和功利性。这已经很大程度上影响到我们对水草造景的热爱，这让我们的这份爱变得不再纯粹。如果您也出现这样的形态，我建议，请还原我们对水草造景艺术的最初的那份诚挚追求，让它变得朴素，纯粹和简单。

工欲善其事必先利其器

　　一套完善的水草造景设备是需要一定的财力作为支撑，这套完善的设备是水草造景的物质基础。前文也已经说过一套完整的水草造景水族箱所必须的硬件设备，这些设备缺一不可，它们或能保持水质的稳定，或能提供水草成长生长所必须的条件。当然随着水族产业的蓬勃发展，不断有新的理念诞生，它们会催生新的水族产品，能给我们带来维护上的方便，帮助我们创作更好的水草造景作品。在这样的情况下我们更换设备也是一种进步，既对水草造景作品最终效果的表现有好处，又能方便我们的日常维护。更换下来的设备还可以交给更需要的人。这未尝不是一种利己利人的好事。

师夷强技以制夷

这句话如果你有心，会体会到其深刻的意义。万事开头难，对于刚接触水草造景艺术的初学者来说，一切就像一张白纸，这不是一件坏事，我们需要一些指点，对于初学者来说最好的学习办法就是——模仿。模仿是学习的重要形式之一，我们需要通过有意识地重复优秀水草造景作品设计过程，逐渐掌握水草造景设计的普遍规律。在掌握了水草造景的普遍规律后才能形成独立的风格并且探索更高层次的水草造景奥秘。

持之以恒

最后我给所有的水景爱好者的建议就是坚持。在创作水草造景作品的过程中，你会发现你有大量的不满意的作品，而满意的作品寥寥无几，甚至一年几年才有一个令你满意的作品。这是再正常不过的一个情况。艺术作品不是工业生产，无法达到每一个作品都是最令你满意的作品。此时你会有很多心灰意冷的负面情绪，我也有过这样的经历，我的办法就是让自己远离水草造景一段时间，在这个阶段你可以努力地回想下自己的每一个脚印，想想你第一见到水草造景作品是什么时候？在哪里？当时你的感受是什么样的？你如何选购自己的一个水族箱？回想一下鱼儿欢快地在水草造景景观中游戏的景象，回想下家人是如何对你的作品进行评价的。最后你会发现你是热爱水草造景的。这已经足够了，你可以继续回到你的水草造景艺术之路上了。

很多朋友会希望我给大家一些建议，我会竭尽全力做到有求必应，可难免还是有所不足。我更想向各位推荐我的"老师"，"授人以鱼不如授人以渔"，它能解决你遇到的所有疑惑，我的这位"老师"就是大自然。

时刻牢记，我们不是水景设计师，我们只是大自然的搬运工。

图书在版编目（CIP）数据

水草造景艺术：从入门到精通/王超主编. —北京：中国农业出版社，2015.7　（2025.4重印）
　ISBN 978-7-109-20574-1

　Ⅰ . ①水… Ⅱ . ①王… Ⅲ . ①水生维管束植物—养殖Ⅳ . ①S682.32

　中国版本图书馆CIP数据核字(2015)第134304号

策划编辑	黄　曦　王　然
责任编辑	黄　曦
出　　版	中国农业出版社　（北京市朝阳区麦子店街18号　100125）
发　　行	新华书店北京发行所
印　　刷	北京缤索印刷有限公司
开　　本	710mm×1000mm　1/16
印　　张	16
字　　数	350千
版　　次	2015年8月第1版　　2025年4月北京第14次印刷
定　　价	68.00元

（凡本版图书出现印刷、装订错误，请向出版社发行部调换）